大地のビジネスと挑戦者たち

農業界の「逸材」が集い、その「進化」を熱く語った！

半田 正樹 編

大学教育出版

プロローグ

【『日本の農業はどこまで進化するのか』…その可能性を探る】というタイトルのもと、二〇〇六（平成一八）年一月二八日福岡市において、新春農業フォーラム（主催：ベイシック経営株式会社、半田税理士事務所、後援：福岡県農業会議）が、一五〇名の参加者を得て開催されました。本冊子は、そのときの内容を取りまとめたものです。あの熱い雰囲気を余すことなく、一日でも早く世に送り出したい、という気持ちがみなぎる中での編集作業でした。大地にしっかりと根を下ろし、ビジネスとしての農業に挑戦することで、自らの生活を支え、そして社会と関わり、日々進化し続けているパネリスト三氏ならばこその、気魄に後押しされたようです。

タイトル『大地のビジネスと挑戦者たち』は、そこに注目したものです。

フォーラムは、休憩をはさんで、第一幕と第二幕からなっています。パネリストとコーディネーターが事前に確認したことは、自分自身の明日からの発展を意識して「進化」を語ること、最初の質問事項とトップバッターの指名、そして遠慮無く思いの丈を語ること、これだけです。後は、流れに任せながら、流れを創っていきました。にもかかわらず、第一幕において、これだけの話がよどみなく展開されるのは、パネリストの引き出しの多さと奥深さによるものといえます。

第二幕は、参加者から書き出された質問に答えるかたちで進められました。第一幕の勢いに気圧されることなく、「進化」を深化させる質問や意見が多数寄せられました。可能な限り取り上げることで、一体感のある、これぞフォーラム、という時間を共有することができました。

もちろん、語られた内容について、批判も反論もあるはずです。あるいは、語られていない重要事項もあるはずです。それらは、参加者や読者への、宿題・課題というささやかなプレゼントでもあります。ぜひ、自ら、その解決策を見つけるための何かをして下さい。この一冊が、農業、農村、農協、食料などについての、腰の据わった、実り多い議論のきっかけになることを、参画した者、皆が願っています。

それでは、間もなくフォーラム第一幕の始まりです。

二〇〇六年七月

小松　泰信

大地のビジネスと挑戦者たち
―農業界の「逸材」が集い、その「進化」を熱く語った！―

目次

プロローグ …… i
パネリスト・コーディネーター紹介 …… vii

□第一幕□ …… 1

進化する農業ビジネス　2
情報の発信と蓄積　10
マーケットのこだわりを越えるな　13
ずっとブームの米。進化の可能性大　17
進化の敵こそ最大の味方　25
経営者は突然変異でやってくる　30
失敗が経営者を育てる　34
セーフティーネットは低く　37

ムラ社会再考、そして最高　39
結局、見せるしかない　43
村人の人を見る目は確か　46
産業の枠組みも進化する　49
市場経済でＪＡは機能するのか　54
楽しい日本農業と「国家の自覚」　59

□第二幕□……61

集落営農に未来はない　62
農業ほど面白いビジネスはない　65
自立してこそムラの一員　70
面白くない人、やめんしゃい　72
学ぶときは身銭で語る　78

別れ上手な顧客管理　79
生産者と販売者と消費者を繋ぐ　82
敗北する権利は挑戦者のみに与えられる　85
ライバルは携帯電話　89
食料自給率は国家のあり方　96
この国の民から、農業は支持され得るのか　102
ＪＡの進化は組合員の役割　107
農業の進化は誰の手に　114
挑戦者たちの使命　120

エピローグ……125

安髙《あたか》　吉明《よしあき》氏のプロフィール

福岡県芦屋町で露地野菜主体の農業。
1949年生まれ。
高校卒業後、父の後を継いで1968年就農。
現在に至る。

露地野菜	270a
米	140a
野菜作目	赤しそ、人参、ほうれんそう、キャベツ、小松菜、水菜
労力	妻、両親、娘の夫、パート
過去の役職	農業委員、農協理事など
現在の役職	教育委員、土地改良区理事長など

農業の概要

芦屋町でも西よりに位置し、岡垣町、遠賀町にまたがる芦屋台地という丘陵地にあって、北九州市に隣接した立地を活かし昔から野菜生産の盛んな地域で代々農業を営んでいる。最近は宅地化による農地の減少と農家の高齢化が農業生産と農村に影を落とし始めている。

米は全量直接消費者へ販売。赤しそと人参は「あたか農園」として市場出荷、他の野菜は農協共販での市場出荷だったが、近年直売所、デパート、レストラン等、量的にはまだわずかではあるが販路を拡げる努力を行っている。

あたか農園ホームページ
http://homepage2.nifty.com/atakanouen/

長田《おさだ》　竜太《りゅうた》氏のプロフィール

1964年、小松市生まれ。農林水産省農業者大学校卒。87年４月、実家で経営する稲作農家の長田農場に入社。
96年８月に米の機能性食品を手がける「ライスクリエイト」社を設立、社長に就任。

11ヘクタールの水田で米を育て、直販も行っている稲作農家。自家精米の過程で毎年５トンものぬかが出て、肥料にしたり、廃棄処分したりしていたが、処理費用も安くはないので困っていた。そんな時、精米過程で削り取られる玄米胚芽《はいが》に有効成分のギャバが含まれることを新聞を見て知り、活用を考えた。

ギャバの抽出方法は国有特許だが、国がベンチャー企業に特許を貸し出す「特許流通促進事業制度」の適用を受け、富山市の製薬会社に依頼して抽出と製品化を成功させた。

小麦粉に混ぜてパンをつくる、新たな米ぬか製品の開発に取り組んでいる。

米ぬかにはビタミン、ミネラルが豊富で、栄養素は同量の小麦の約60倍ある。欠点は混ぜるとぬか臭くなり、味が落ちる点だったが、そこは改良済み。今の課題はコストダウンだ。

経営理念は「考えない、作らない、売らない」。技術は自ら開発するのでなく、国の持つ休眠特許を借りる。自社施設を持って生産するのでなく、相手先ブランドによる生産（OEM）をお願いする。販売は、代理店へ委託。すべてスピードを重視している。

（2005年６月10日　読売新聞）から。

杉山《すぎやま》　経昌《つねまさ》氏のプロフィール

1938年、東京都生まれ。５歳の時に疎開して千葉県で成長し、千葉大学文理学部化学科を卒業。

通信機器メーカーと半導体メーカーを経験した後28年のサラリーマン生活と決別し、宮崎県綾町で農業を始める。

左手にコンピューター、右手に経営書を常に携えたサラリーマン時代の経験を十分に生かし現在果樹100アール、畑作30アールの専業農家。


「趣味」

読書、ヘボ囲碁（自称５級）、ヘボ将棋（自称梯子段）、ソルティア、パソコンによるデータ解析、パソコン通信、お茶（裏）、成人映画鑑賞、水泳、サイクリング、山歩き、スキューバダイビング（写真派）、素潜り、踊り、百姓、コントラクトブリッジ（日本で377番目のライフマスター）、ジャズ鑑賞、突飛な事をして人を驚かす事（例えば農作業中畑の横を通る車に大げさに手を振ったりする事）、データを取る事（例えば畑の横を通る車に大げさに手を振った時何％の車が手を振って応答するか統計を取ったりする）、麻雀、着物を着る事、写真、散歩、ぼーとして白昼夢を見る事，趣味を沢山あげつらう事。


「家族」

夫婦と猫のγとδ（ガンマーとデルタ）の４人家族。


「自慢」
1　私の作るぶどう
2　就農４年目で1000坪の敷地に建てた農家住宅。
3　リモコンゲート付きの車庫。どこの圃場で農作業中でも無線で受信できるよう、電子式宅内交換機経由で接続された７台の内線電話と２台のインターフォンとFAX、コンピューターモデムなど、食品加工室からコンピュータールームまでフル装備でコストは都会のマンションの１／４！家の庭には22種44本の果樹が年間を通じて実を着けている。これだからお百姓さんはやめられません！

小松《こまつ》　泰信《やすのぶ》氏のプロフィール

現在：岡山大学大学院環境学研究科の教授として、主に農学部の学生を対象に農業経営学、農業協同組合論、食料政策学などを講義している。また、講演活動も精力的に行っている。

過去：1953年長崎県長崎市生まれ。鳥取大学農学部卒業後、京都大学大学院博士課程を経て、'83年に　長野県農協地域開発機構に研究員として採用される。縁もゆかりもない長野県、そして農業協同組合論についてはほとんど勉強してこなかったにもかかわらず、系統農協の研究機関に職を得て、まさにゼロからのスタートを切る。農業県であり農協運動先進県での６年間で、今日の農業・農村・農家・農協を取り巻く諸問題の一端にふれ、現場感覚を養う。

'89年石川県農業短期大学に採用され、８年間石川県をフィールドとする。所変われば、農業も農協も、そして農業者気質もこんなに違うのか、と新鮮な驚きを覚える。パネリストの長田氏とは、石川時代からのつきあいである。

'97年に岡山大学農学部に異動する。ここでもまた、「農」に関連する世界の多様性を再認識した。2003年８月に農学部の非常勤講師として長田氏を招き、講義をしていただくとともに、パネルディスカッション「そこまでイッていいんで集会」を開催する。その記録を『新しい農業経営者像を求めて』（農村報知新聞社）として出版した。人との出会いに恵まれ、いつかやってみたいと思っていたことを一気にやり遂げるとともに、自分の果たすべき役割と「進化」すべき方向を確認した。

今後：得意技を磨くなかで、パネリストの皆さんのような迫力のある農業者の邪魔をしながら、つなぎの仕事を確立したい。

第一幕

進化する農業ビジネス
情報の発信と蓄積
マーケットのこだわりを越えるな
ずっとブームの米。進化の可能性大
進化の敵こそ最大の味方
経営者は突然変異でやってくる
失敗が経営者を育てる
セーフティーネットは低く
ムラ社会再考、そして最高
結局、見せるしかない
村人の人を見る目は確か
産業の枠組みも進化する
市場経済でＪＡは機能するのか
楽しい日本農業と「国家の自覚」

□第一幕□

進化する農業ビジネス

■小松　本日のフォーラムのコーディネーターを頼まれましたときに、三つの理由でお引き受けしました。一つには、このフォーラムを盛り上げるようなコーディネートは、私にしかできない。二つには、楽な仕事である。なぜ楽か。三人のパネリストのお話だけでも大変内容があり、私はパネリストが気持ちよく話せる雰囲気づくりに努めるだけでいいからです。そして三つには、自分自身がワクワクしている。だって、かぶりつきで自分の質問をぶっつけることができるわけですから。こんな美味しい仕事を断ったら、罰が当たります（笑）。

本日のテーマは、「日本の農業はどこまで進化するのか、その可能性を探る」と、なっています。「進化」という言葉を、大上段に構えると堅くなってしまうんですが、「進んで化ける」と読むと、身近に感じられるわけです。

そこで、まずは、「これから五年間、どのように進化、すなわち進んで化ける、おつもりですか」という質問から入ります。トップバッターは長田さんです。経営理念は、「考えない、作らない、売らない」といったフレーズで紹介されていますが、じゃあ、「明日から五年、あなたは何をするの」ということで、どうぞ。

■長田

九州に来る時はいつも、何を喋ろうかと、いろいろ考えて来るんですが、今回は小松さんから「何も考えてくるな、空っぽで来い」と、不思議な指示がありました。言われるがままに、まったく真っ白な状態で来ました。きっとピュアな状態で話ができるかな、と思っています。

さて、明日は、代理店契約を結んでいる販売店さんとの会議で、滋賀に行きます。今やっている事業のコンセプトを紹介して頂きましたが、米生産者としての私は、「自分で考えて、自分で作って、自分で売る」わけです。しかし、ライスクリエイトという会社のコンセプトは、「考えない、作らない、売らない」というわけで、まったく異なる経営を同時に進行することで、メリハリのある時間を過ごしています。今後五年間、何をやるかということですが、「考えない、作らない、売らない」というビジネスは、結構新しいので、農業の中でも使えるネタかなと思っています。ただ、今まで商品開発をいろいろやってきたんですが、どうも商品開発だけではないな、と最近思っているところなんです。何をやらなきゃいけないかというと、インフラづくりです。電気・水道・水みたいなヤツ。やっぱり、インフラとして機能していくようなビジネスに取り組みたいと思います。具体的に描いているのは、今やっている、米ぬかの食用化事業です。あえて言うまでもなく、米ぬかは現在食べられていないんですが、それを小麦の代用品として食べる、という事業を進めています。石川県でその可能性に関する調査を行うということで、可能性調査費を付けてもらっているので、何とか事業化にもっていきたいと考えています。もちろん、農業も続けるんですが、もう一つ、農業の可能性について、農業という切り口ではなく、米という切り口でなにができるか、ミクロ的に私に何ができるか、ということを詰めながら、具体的にやって行きたいと考えています。

■小松　インフラづくりということは、自分の経営の土台をもうすこし確立したい、ということなのか、もう少し詳しくお願いします。

■長田　ここで言う「インフラ」とは、基盤的モデルを作るということです。そのモデルの真似をしていただくことによって、いろんな形のものが、あるいは同じパターンのインフラが全国にできるだろうと考えています。

■小松　ビジネスモデルを作って、売っちゃいますとか、そういうことも含めてですか。

■長田　もちろんビジネスですから、これをインフラ化するときには、ビジネスモデルの特許を取らなきゃいけないですし、その特許を売って収益を上げるということも考えねばならないですね。でもそれ以上に、商品開発ではなくて、人と人がどう絡み、どんな流れを作るかということを考えないと、それこそ進化できない時代だと思います。商品化というのは、結局、一つの点でしかないんですよ。それだけでは、ビジネスとしての継続性は保障されないんです。米を材料にして、何かができました、それでは次は、ということではなくて、米はインフラとしてどういった動きができるのか、農業はインフラとしてどういう形に変えることができるのか、という基盤になるところをしっかり踏まえてから商品化をやらないと、これからはダメです。これまでは、商品化、米の付加価値を高める商品化だけを進めてきたんですけども、それでは面にならないわけです。限界と言ってもいいです。

■小松　どうもありがとうございました。続きまして杉山さんです。杉山さんが書かれた『農で起業する』（築地書館）という本は、この業界ではトップクラスの売り上げを記録しています。「バリバリの外資系サラリーマンから専業農家へ。四九歳の時に脱サラ」し、宮崎県綾町で農業を始められました。非常に厳しい視点で、農業や農村を見ておられます。農業の世界に入られて十余年。農業の面白さを楽しんでおられるのでは、と思ってます。

■杉山　一九九〇（平成二）年に農業を始め、満一六年になりました。お百姓さんになった瞬間から目指している目標は、「悠々自適。楽しい農業、小さい農業」です。九二年に策定した経営戦略の一番にあげているのが「小規模経営」。なるべく小さい経営をする。今後五年間、もっと経営規模を小さくしても成り立つような高効率の経営を目指していこうと思っています。ただし、現在が週休四日程度ですから、規模を倍にしたいと思ったら明日にでもできます。そういう柔軟性に富んだ経営体にもっていくのが一貫した目標ですし、今後五年間、さらにそれを追求して行くつもりです。そんな姿勢で経営を改善していくのが、これからの夢です。

■小松　具体的に何かお考えでしたら、教えて下さい。

■杉山　今までもそうでしたが、固定費・変動費をどんどん縮小して、経費のかからない農業を続ける。経費が半分になれば、利益は倍になる。だったら、経営規模も半分でいいじゃないか、と考えています。現在、だいたい消費税を払わなければならない、そのちょっと下ぐらいのところでやってるわけです。その半分五〇〇万円程度で夫婦二人の生活だったらお釣りがくるかな、と思っているんです。売り上げが五〇〇万円で、経費が仮に二〇〇万円かかったとすると三〇〇万円残るわけです。綾町で夫婦二人だったら、一五〇万円もあれば生活できるんですよ。そうすると、余った一五〇万円はどうしようか、というような程度のことですよね（笑）。ですからそのくらいの規模というと、ブドウ五反くらいでできちゃうわけ。そうすると、ある日後継者ができちゃったから倍にしなきゃいけない、となっても簡単に倍にできるんですよ。一〇町やってる人が、二〇町にする場合は、土地探しなんかで大変だと思うんですが、幸いにも五反しかやってないわけですから、問題ないわけです。農水省は「大規模の企業的な経営」を推奨し、二〇〇万戸の農家を四〇万戸にして、経営体力を強くする、と言っているわけですが、私はまったく逆の考えです。小さい規模の経営体が、山のようにあるのが理想だと思います。あの日本ミツバチですよ。小さい働き者がたくさんいて、全体としては力強い。ですから二〇〇万戸の経営体を四〇万戸ではなく、五〇〇万戸にして、日本全体の農業を強くする、そういうモデルを頭の中に描いているわけです。

■小松　働き蜂という話になると、農家は働くのが好きで、仕事を見つけては働き出すわけですよ。そういう面では、ずっと日本の農家は働き蜂だった。でも、杉山さんが言われる働き蜂ってちょっと違うんですよね。そのあたりは、予告編的に申し上げておきます。

ではは安髙さん、お待たせしました。ご当地福岡県の芦屋町で露地野菜や米を作っておられます。農業委員やJA理事を経験され、現在は、教育委員と土地改良区理事長といった要職に就かれています。ご本人はいたって謙虚に、「私は普通の農家代表です」と言われていますが、大体普通の人は、自分のことを、「普通」とは言わないんです（笑）。ぜひ普通じゃない普通のところで、お願いします。

■安髙　確かに、酔っ払いが一番「自分は酔ってない」と、言いますね。普通の農家からは「俺と一緒にするなヨ！」と、言われそうなんですが、これまでのお二人と比べれば、はるかに普通です（笑）。年中忙しそうにしておりますし、自分の経営が合理的とも思っていません。結構、どんぶり勘定だし、効率もあんまりよくないかなと、思っています。だから、五年後何をするの、と言われても、「そんな先のことはわかりません」としか答えようがない。はっきり言えることは、明日は畑でニンジン引いている、ということです。そもそも、農家はそんなに変わらなくていいんじゃないの、という意識が基本的にはあります。今まで、無理やり変わらせろ変わらせろとしてたところに、歪みみたいなものがきてるのかな。もちろん、変えるべきところもあると思います。経営の中身をよく見るとか、時代の要請や情勢を見極めるとか、そういう努力はある程度必要なんでしょう。それは否定しません。だからといって、昔の農家とか農村が全部ダメ、なんて訳はない。私は高校を卒業してすぐに就農しました。だから、生まれてずっとムラ社会に、それこそどっぷりと浸かっています。もちろん、閉鎖的だったり、人に干渉しすぎだったり、ということはあるんです。でも、言葉では表現しにくいけど、とてもいいところもいっぱいある。そういうところを私は大事にしていきたいし、そういうなかで、今ある農業を少しずつ変えていきたい、と思っています。

■小松　新春にふさわしいおめでたい話をご披露します。実は、安髙さんのお嬢さんがめでたく、この二月に結婚されます。で、そのパートナーは、まったくの農業未経験者なんですが、就農予定ということで、二重の喜びの中におられるはずです。そういうことを契機として、改めてこれからどうなさいますか。

情報の発信と蓄積

■安髙　小松さんの挑発に乗って言えば、農業にも農村にも良いところがある。だからといって、変わらなくてもいい、ということではないんです。今の農村に一番欠けているのは、やっぱり情報発信です。私が拙いホームページを開設したのも、かりそめにも人様の口に入るものを作っていたら、どんなふうに作ったんだ、どういう思いで作ったんだということ、これを伝える努力はすべきだろう、と思ったからです。もちろん、ホームページでなくてもいいんですよ。消費者や、それこそ農業と直接は関係のないところにいる人たちに、本音で伝える姿勢、それが欠けていた、というのが実感です。

■小松　もうすでに、「進んで化けて」おられるじゃないですか。

■安髙　いや、進化なんておこがましくて…（笑）

■小松　杉山さんは、情報産業に四〇歳代の最後までおられ、国際ビジネスの世界でやっておられたわけですが、情報というキーワードで農業を見たときに、どういう感想を持たれましたか。

■杉山　情報は、私たちにとって、まさに飯のタネです。観光農園を営む私のところの最大の財産は、施設でも圃場でも、まして栽培技術でもなくて、コンピュータで管理している顧客名簿なんです。この顧客名簿こそが最大の財産で、これさえ大事に維持していれば、規模が倍になろうが三倍になろうが、ビクともしない。今まで過去一〇年間、売るという心配はほとんどしたことがありません。なぜなら、顧客名簿を作るために、一生懸命努力してきたからです。その情報をきちっと管理するだけで、経営はまず大丈夫。普通に作っていれば、あとは口で売れる（笑）。それくらい貴重なものです。わが国では、農業だけじゃなくてすべての産業において、そういう取り組みが、なおざりにされてきたんじゃないですかね。私が勤めていた会社には、知的資産管理部門がありました。それが、会社の中で最も利益を上げている部門でした。つまり、情報を売って商売をしているわけです。それが骨の髄までしみこんでいましたから、農業を始めるときに、いかにして情報でお金をあげるか、それを強く意識しました。家と圃場を建設するときに、何を目玉にしたかというと、「C＆C」すなわち、コンピュータと通信の融合によって農業の生産性を上げることです。そういうコンセプトで圃場をデザインしたので、わが経営は、情報を基盤に成立しています。

■小松

顧客名簿の世界は、杉山さんにとっては当たり前のこと。商いをやっていくうえで、当たり前のこと。でも、それをきちんとやるだけで、経営成果はかなり違ったものになる。「今まで、何やってたの？」という気持ちで、既存の農業を見られた、と思ってよろしいでしょうか。

■杉山

そうですね、多分、ここにおいでの皆さんも、私が顧客名簿といっても、その言葉の裏に含まれているものまでには、意識がまわらないでしょう。顧客名簿一欄一欄にどういう情報があって、それにどういう価値があって、どれほど神経とエネルギーを使って、毎年毎年更新管理をしているか、その辺のノウハウは、言葉では多分わからないっていうのがあると思うんですよね。だからこそ、実は、すごい財産が蓄積されていきますよね。

マーケットのこだわりを越えるな

■小松　長田さん、あなたにとって情報とは、何ですか。

■長田　一言でいうと、情報とは、「方向」なんです。例えるならトンネル。トンネルを掘る時は、片方から掘らないんです。両方から掘る。両方で情報を出しながら、つまり方向性を確認し合いながら、掘り進むわけです。これを怠ると、出会うことができない、まさにミスマッチが起こるわけです。もうおわかりかと思いますが、ビジネスの世界でも、メーカー側とマーケット側が、それぞれ情報を発信することによって、感動的な出会いが達成されるわけです。われわれの仲間にも、誰よりも汗を流している、にもかかわらずそれに見合った成果を上げられない人がいます。よく聞いてみると、違う方向に向かって、独りよががりで掘っている。マーケットは常に、「こういうものが欲しい」「こういうものがあったら便利」というような情報を、ある時は言葉で、ある時は行動あるいは仕草で、発信しているんです。それが見えない、聞こえない。だから、掘っても掘っても暗闇から抜け出すことができない。あるいは、お呼びでない所に出てしまう。まさに額に汗するだけの徒労の連続。情報とは、「双方向」であることを強調しておきたいですね。

誤解しないで頂きたいのは、私だって、新商品を世の中に送り出すときには、つい「俺ってすごい！」と思ってしまうほど、興奮状態にあるんですよ。でも、まったく売れない。「なんで売れないんだろう、こんなにいいのに」と、思うんです。そして、「見る目のない人間が多すぎる」と、マーケットに八つ当たりするわけです。最近よく、「こだわり」という言葉が使われますよね。「こだわること」は、悪いことではない。しかし、〝マーケット側のこだわり〟を越えてはいけないよ、ということなんです。マーケット側もこだわってるんだけど、そのラインをメーカー側が越えてはいけない。越えたらビジネスではなくて、趣味になるわけです。そうならないためには、マーケットのこだわりを、常にキャッチしておく、これしかないんですよ。

私が最初に手掛けたギャバ。ギャバって水溶性分ですから、ドリンクで出したら絶対に売れる、と思いました。ところが、作っていく過程で、マーケット側からは、ビンは重たいしゴミになる、通販会社からは、ビンは割れるし物流費がかかる、という注文が出されました。素直に、粉末化でその要求に応えました。もし「絶対液体で」と、こだわると売れないんですよ。こちら側なりのこだわりを出しながらも、そういう情報を聞き流さない。双方向性に基づくトンネル掘削によって、めでたく開通式が迎えられるわけです。

■小松

ちなみに、長田さんは、困った時にはコンビニで、半日ウロウロしているそうです。コンビニで、トンネルの片方を見ようとされているわけですね。

さて、安髙さんから出していただいた「情報」というキーワードが、ここまで展開しました。安髙さんご自身も、「売り方」、「捌き方」を変えてこられてますよね。これは「情報」という視点とどう絡みますか。

■安髙

私も似たような体験をしました。うちではニンジンを作っています。ニンジンも赤い金時ニンジンと、お店でよく見る普通のニンジン、両方作っています。金時ニンジンの方は、おかげさまで高い評価を得ています。ところがもう一方のニンジンは、数量的にも品質的にも芳しい評価を得ていませんでした。だから、もう止めようかと思ってたんです。そしたらある時、うちのパートさんに「お宅のニンジン甘いよ。ジュースにして飲んでみて」と、言われたんです。私の頭の中には、飲むことはなかった。でも飲んでみたら、確かに甘い。本当に、口にも経営にも甘くて美味しい情報（笑）が、パートさんとはいえ消費者から出されたわけです。その時に、こういう切り口で突破口があるんだ、と驚きました。だから、デパートから話があったときに、ＪＡに頼むだけじゃなくて、直接担当者に会ってみよう、とデパートに行ったんです。意外だったのは、農家はよく「ものが売れん、売れん」と言いますよね。でもデパートの担当者は、「何かいい提案があったらしてください。良いものであれば、どんどん取り組みますよ」と、言われたんです。確かに、両サイドから掘り合う双方向性の大切さ、長田さんの話と、自分の体験をあわせて、納得しているところです。

■小松

どの世界にも共通していることですが、同じ場面にいて、変わることを志向する人と、「へぇー」と他人事のように聞き流す人と、いろいろいるんですね。もちろん、いろんな人がいることを否定する気はありませんが、例えばの話、進化する、あるいは、これからの日本の農業の可能性を考える、探るというときに、その違いをどうやって埋めていくのか、私なんかはつい考えてしまうんですが。

■安髙　やっぱり、「今のままでいいのかな?」という思い、問題意識ですかね。それでしょうね。そういうのがなければ、「今のままでいいや」、ですよ。でも、「どっか変えんといかん」「このままじゃいかんよね」という、素朴な疑問がどこかにあれば誰でも変われる。そういう意味では、「進化」は誰にでも可能。自分の中に「これじゃいかん」「どっか変えるべきや」という思いがあるかどうかでしょうね。

ずっとブームの米。進化の可能性大

■小松　長田さんは先ほど、「米という切り口」という、言い方をされましたよね。でも多くの稲作農家は、ご飯用材料としての米粒に、それこそこだわっておられるわけです。長田さんにとって「米」って、何なんですか。

■長田　ズバリ言って、一番進化する可能性が大きい農産物。だってよく考えてみてください。これだけ長い間「ブーム」、つまりたくさんの人が食べているんですよ。超長期にわたる大ブームですよ。これがダメという理由はないはずです。しかし、現実にはそうなっていない。その理由は多分、情報を加工してこれなかったことだと思います。人間は、やっぱり飽きがきますから、飽きに対してどう応えるか。まずは、情報を加工する。つまり切り口を変える。モノを変えるのはその後。それによって、米はもっと進化する。

今回、杉山さんのデータを頂いた時に、如実に見えるのが、米の労働収益性が一番低いことです。故に、「あなたはなぜ米を作るんですか」となる。これは、杉山さんからの私に対するメッセージだと思います。私はそれに対する答えを、用意してきたんです。

■小松　大変エキサイティングな状況になってきました（笑）。杉山さんは、「長田さんは非常に立派なアグリビジネスマンだけど、なんで収益性の低い米をつくってるの？」と、いう視点をお持ちなんです。それへの回答が、これから始まります。

■長田　唯一と思われる答えは、収益性が最も低い作物だからです。つまり、可能性が一番大きいからです。要するに、「化ける」可能性が一番大きいのは米です。そしてその可能性に挑戦しています。元々高いものを作るんだったら、私の出番ではない。常に低いものをやる。それを上げるのが私の仕事。そのためには、二つの加工に取り組む必要があります。一つは、農産物としての米の加工。そしてもう一つが、情報の加工です。

■小松　同じく米を作っている安髙さん。なぜ米を作っているんですか。

■安髙　売れるからです。一番収益性が低いというのは一般論だと思います。長田さんは、今でも、化ける必要がないくらい、効率のいい稲作をされているんだろうと思います。多分やり方なんじゃないですかね。

■小松　それでは杉山さん、出番です。

■杉山　就農する一年前に、農業に就いたらどんな生活になるかということで、シミュレーションしたんです。一年間に六五〇万円の粗収入を得て、最終的に約四〇〇万円の所得となるためには、三〇〇〇時間働く必要がある。そうすれば、一時間あたり約一三〇〇円になります。これが純益なんです。コンピュータでこれをはじき出したとき、間違いなく農業で食っていけると確信しました。検討対象にした作目を、どういう組み合わせにしたら、どういう生活になるかをシミュレーションして、就農することを決めたわけです。収益性の高い順に作目を並べた時に、最も低かったのが、米なんです。（資料参照）

■小松　所得を年間労働時間で割って出された労働収益性一六〇〇円也ですね。

■杉山　そうです。誤解のないように申し上げますが、米の労働生産性（粗収入を年間労働時間で割って算出）は決して低くはないんですよ。一時間働いたら二〇八八円入ってくるんです。でも、手元には一六〇〇円しか残らないんですよ。農家手取りが異常に低い作目、それが米なんです。ものすごく分が悪い農業。頑張れば頑張るほど喜ぶのは他の人。それが米、普通水稲なんです。だから、もしやるんなら、生産性を上げるというよりも、自分の取り分を増やす努力をすべき作目、となります。

それで、私は常々思っているんですが、自由経済とかＷＴＯだとかを論じるのであれば、基本的には選択の自由が必要です。つまり、あなたはどこに住むのも自由、何を作るのも自由、誰に売るのも自由、誰から買うのも自由。そういう自由が担保された時に初めて、市場のメカニズムが最適なところに移動するわけで

あなたはなぜ米を作るんですか

項目	作物名	10アール当たり			労働生産性	労働収益性
		粗収入	所得	年間労働時間		
1	施設　金柑	¥1,350,000	¥858,400	393	¥3,435	¥2,184
2	無加温　ぶどう	¥1,200,000	¥750,800	400	¥3,000	¥1,877
3	ハウスみかん	¥2,500,000	¥1,341,500	800	¥3,125	¥1,677
4	日向夏	¥540,000	¥384,000	258	¥2,093	¥1,488
5	畝間ハウスアスパラガス	¥75,000	¥43,000	32	¥2,344	¥1,344
6	サトイモ	¥225,000	¥120,744	109	¥2,064	¥1,108
7	ブロッコリー	¥170,000	¥64,692	63	¥2,698	¥1,027
8	半促成キュウリ	¥1,800,000	¥1,102,520	1,088	¥1,654	¥1,013
9	ハウススイートコーン	¥520,000	¥242,868	244	¥2,131	¥995
10	露地　金柑	¥500,000	¥357,100	363	¥1,377	¥984
11	促成ピーマン	¥3,000,000	¥1,437,254	1,579	¥1,900	¥910
12	加工用甘藷	¥157,500	¥62,399	74	¥2,128	¥843
13	人参	¥176,000	¥107,567	130	¥1,354	¥827
14	スイートスプリング	¥300,000	¥168,700	207	¥1,449	¥815
15	早期水稲	¥154,000	¥44,950	56	¥2,750	¥803
16	ハウスしょうが	¥1,200,000	¥505,565	652	¥1,840	¥775
17	生果用甘藷	¥240,000	¥144,899	200	¥1,200	¥724
18	梨	¥500,000	¥273,700	380	¥1,316	¥720
19	抑制キュウリ	¥1,200,000	¥478,217	880	¥1,364	¥543
20	トンネルスイートコーン	¥195,000	¥61,870	139	¥1,403	¥445
21	白菜・キャベツ	¥160,000	¥56,096	132	¥1,212	¥425
22	大豆	¥63,840	¥10,948	28	¥2,280	¥391
23	夏秋キュウリ	¥900,000	¥299,000	845	¥1,065	¥354
24	千切り大根	¥150,000	¥35,440	154	¥974	¥230
25	加工用大根	¥105,000	¥27,582	120	¥875	¥230
26	普通水稲	¥119,000	¥9,128	57	¥2,088	¥160

出所：作物による労働生産性と労働収益性の違い（1989年のシミュレーション用元データ：杉山氏提供）

すよ。ところが、日本の農業のシステムはそういうふうにできていないから、永久に最適のところには行かない。江戸時代にとどまっている、というふうに極論しているんです。その典型がお米です。

■小松　長田さん、いかがでしょうか。

■長田　非常に嬉しいのは、米のところに普通水稲と書いてあることです。実は私、普通水稲以外に、異常水稲というのを作っているんです（笑）。この異常水稲から、塗料を作るという事業に取り組んでいます。自然塗料なんです。この四月一日から、石川県の事業としてスタートします。これを極端な話として聞き流される方もおられるかも知れませんが、米はそこまで進化する可能性を持っているわけです。そしてこれは、非常に収益性も高いわけです。

■小松　普通水稲についてはどうですか。ここに示されている、労働生産性二〇八八円と労働収益性一六〇〇円の差を詰めていくことは可能でしょうか。

■長田　杉山さんに共感するのは、選択できるというのは民主主義のなかで一番大事なことなんです。自分で選択するわけですから、自己責任なんです。今、確かに選択できないからマーケットと違うところで、割に合わないようなものを作ってるわけですけども、ピンハネっていうのはそこに出すからですよ。でも、そこに出さざるを得ないというのは、自分で選択しているわけです。すでに、食糧管理法が無くなりましたから、自分で売っていいわけです。にもかかわらず、ピンハネを許すような販売方法をしている。それは何故か。その方が、リスクも少ないからです。リスクというのは、収益にものすごく比例したものですから、そのへんを斟酌して、あえて低リスク低リターンを選択している稲作農家が非常に多い、ということです。それは、自己責任以外の何ものでもない。

■小松　杉山さん、稲作において、手取りが異常に少ない原因は、どこにあるんでしょうか。

■杉山　機械です。ほとんど機械屋さんにお金が行ってる。もちろん通常の経営形態の場合ですよ。中古の捨ててあるような機械を持ってきて、全部修理してお米を作っています、という人がいましたけども、通常のやり方ですと、ほとんど機械屋さんにお金が行ってるわけです。

■小松　普通水稲にこだわっておられる安髙さん、いかがですか。

■安髙　別にこだわっているわけじゃないんですが、ただこの数字もね、そんな難しく考えなくても、粗収入が倍になればまた違ってくるわけですよ。私自身ができているかどうかは別として、それはそんなに難しくない。ちょっと努力すればできることですよ。

■杉山　安髙さんの場合は、労働生産性が四〇〇〇円の水準なんですよね（笑）。

■安髙　そこまでは行っていませんよ（笑）。

■杉山　大切なことは、例えば、安髙さんの労働生産性が二〇八八円から四〇八八円になったら、一六〇円の労働収益性は、倍の三二〇円になるんじゃなくて、二〇〇〇円がまるまる加算されて二二六〇円になるんです。なぜなら、経費はすでに支払われているから。

■小松　そこなんですよね。野球でよくヒットを打つ人は、打てない人に対して、「なんでヒットが打てないんだろう」と思うんだけども、打てない人は、「どうしてあんなに簡単に打てるんだろう」と思っている。そのギャップ、格差が拡大しているように思います。格差拡大は努力の差なのかもしれませんし、できない連中のことはほっとけ、という意見もある（笑）。しかし、日本農業の底上げのために、次の一手をどう考えたらいいんでしょうか。安髙さん。

■安髙　やはり、自分で売ることじゃないですかね。なんで農家が売る努力をしなくなったのかというのは、やはりある時期から、ＪＡ共販とかそういう部分が増えて、米でもＪＡに出しておけば売れ残るということがない、みんな買ってくれる。野菜でもＪＡ共販に出せば、安かろうが高かろうが全部売れる。売るという努力をまったくしない体質が長い間続いて、考えない習慣がついてしまった。昔、リヤカーで小売りしていた時は、消費者の反応はその場でキャッチできた。マーケティングなんて垢抜けた言葉を使わなくても、自然に対応してきた。もう一度そのへんから、取り組む勇気が必要だと思います。

進化の敵こそ最大の味方

■小松　では、皆さんが進んで化けることに、何がブレーキを掛けているのか。進化を阻害する要因があるとすれば、その排除も含めて検討していく必要があります。長田さんから、ご指摘ください。

■長田　農業に限らず商売をしていれば、進化をじゃまする者は出てくるんです。簡単な話、自分で米を売るようになるとですね、「長田の息子は気が狂った」と言われました。うちのオヤジの軽トラックの荷台には、今だに「お米は全量農協へ」というシールが貼ってありますけど、私はその後に「…は出せなくなりますよ」と書いています（笑）。自分で売る、という姿勢を示した瞬間に、いろいろな圧力がかかってきました。しかし今になって考えてみると、もしその時に応援してくれていたらどうなっていたか。多分、今の私はいなかった。キザかもしれませんが、私は、支援されるとダメなんです。逆に、突き放されるとか、規制や圧力を掛けられると、「クソッ、今に見てろ」という気持ちが湧き上がってくるんです。これが一番の原動力です。今、本当に地元の皆さんに感謝してます（笑）。だから、進化を筋金入りのものにするためには、ある程度の阻害要因、圧力、規制などは、必要悪かな、と思っています。最近、竹中平蔵氏の本を読んで参考になったことがあるんです。彼によれば、アメリカと日本の産業の育て方は、まったく異なっているそうです。日本では、補助金を出すことに象徴されている「支援」という手法で育てる。アメリカでは、「競争」という手法で育てる。単純に黒白を付けるのは問題かも知れませんが、どっちがほんとうに産業を自立させるのかというと、食糧管理法的ながんじがらめの法的規制は論外として、ある程度の「圧」は、筋金入りの産業やビジネス、経営者を創り出すためには不可欠だと思います。

■小松　杉山さんはいかがですか。

■杉山　こんなに早い時間に、そういう話になるとは想定していなかったんですけど(笑)。いろんなＪＡに行って、あの「全量共販」という看板を見ると、いつも異常に感じました。要するに、全量共販という看板が何を言ってるかというと、「あなたは経営努力をするのをやめなさい。あなたはマーケティングするのをやめなさい。私たちは公正取引法に違反しますし、独禁法にも違反してます」という看板ですよね。その象徴なんですよ、あの看板は。あれを見て、皆が何にも感じないこと自体が自由経済じゃない。自由市場経済における不公正な取引を禁止する法律とか、独占を禁止する法律とか、競争を促す法律とかなどの埒外にいることが許されて、農家に「あなた経営努力しなくてもいいよ。持って来さえすれば、そっから先はこっちがやってあげるから。売る心配しなくていいよ。いや、あなたは売っちゃいけないよ。あなたがもし自分で売ったら村八分にするよ」という看板ですよ。それを見て平気でいること自体がおかしい。打ち壊しに行くべきです、あの看板を。過激ですみません。

■小松　いえいえ、過激大好き（笑）。ＪＡ理事経験者の安髙さん、どうぞ。

■安髙　杉山さん、あの看板はね、ＪＡに集まらないから出してるんですよ（笑）。集まっていないよっていう標識ですよ。私は米は一俵もＪＡに出していません。出さずにＪＡの役員をしていました。

■小松　理事なのにですか。すごーく懐の深いＪＡですね。

■安髙　文書で抗議文が来たこともあります。でも私は、ＪＡは、個人では売ることのできない人の面倒を見るところだと、割り切っています。農家が一人でできることは、一人でやったらいい。ＪＡは、諸般の事情か、選択の結果として、そういうことができない人、あるいは、敢えてしない人を対象とする、そんな組織でいいんじゃないでしょうか。本来、農家は自立すべきなんです。あるべき姿は自立なんだから。

■小松　杉山さんのご意見については、「その通りでしょう」ということですね。

■安髙　特別おかしな意見ではないと思いますよ。

■小松　長田さんはいかがですか。

■長田　杉山さんの意見よりも、小松さんの質問と反応に凄く違和感がありますね。安髙さんが、ＪＡの理事だったのに米一俵も出してないことを驚かれたけど、ＪＡの理事というのは経営者なんですから、ＪＡにとって不利益なことは止めたほうがいいわけですよ。

■小松　ＪＡ経営としては、米は出荷してもらわない方がいいわけですか。

■長田　そう考えた方がいいんです。米を集めることは、ＪＡのいろいろな役割の中では重要なことかもしれませんよ。でも、そこからどれほどの利益が出ているか、多分そこだけを見ると赤字。農家が自分で自由に米を売り、その代金でＪＡ共済に加入してくれるなら、その方が絶対に経営という面からはいいんですよ（笑）。そのへんのことを、しっかり議論すべきなんですよ。それをしなくて、とにかく集荷すればいいんだ、という感じで経営者も組合員もずっとやってきた、それこそが問題なんですよ。

経営者は突然変異でやってくる

■小松　ご指導いただき、ありがとうございました（笑）。今理事は経営者なんだから、という発言がありました。確かにそうなんです。ところが、わが国において、「農」の付く世界には経営者がいなかった、育ってこなかった、あるいは育ててこなかった、そんな気がします。だから産業として自立・確立してこなかったのではないか。そんな問題意識から、農業経営者の育成についてご意見をお聞かせください。

■長田　基本的に経営者は突然変異からしか生まれてこないと思うんです。社会にとって必要な役割として、突然出てくるんだろうなと思ってます。そもそも、育てる、という話ではない。経営について、よく「ノウハウ」が有るとか無いとか論じられますよね。でも、ビジネススクールに一年間通ったから、はい経営者の出来上がり、とはならないわけです。まして、成功なんかできっこない。経営にノウハウは無いんです。今、私達も一流の農業経営者になろうと意気込んで、簿記の勉強をしたりするんですけども、経営者が育つかというと絶対無理。やはり、社会の無意識がそういう存在の誕生を求めたとき、その要求に応えるかたちで、恐らく突然変異として生まれてくるしかないと思っています。それに期待するしかないし、多分その要求を敏感に感じ取った、野心を持った連中が、チャンスだと思ったら、めでたく経営者の誕生なんです。マーケットを無視してビジネスは成り立たないですから、育てるって感覚は、経営者にはなり得ない人たちの発想です。ある意味、そういう発想の人を産婆役にして産み出された経営者は、経営者モドキでしかないでしょうね。それから、規制があるのは農業界だけではありません。宅急便のヤマトの誕生話は有名ですが、あれだけの規制や嫌がらせがあったからこそ、今のヤマトがあるわけです。施策で経営者を作るとか、行政が支援して経営者を作るとか、そういう話じゃないんです。行政が支援できるのは、簿記の三級を取らせる研修会を開くことぐらいですよ。でも残念ながら、商業関係の高校生のほとんどは、その程度の資格は取っていますから、何をか言わんやですよ。

■小松　安髙さんはどう思われますか。

■安髙　私も、与えられるものじゃないし、準備されてハイどうぞ、というのは経営者じゃないと思います。経営者能力というのは、本当に持って生まれた能力というか、限られた人の能力なんだとつくづく思いますね。謙虚ぶってるわけではないですが、自分自身が経営者になり切れていないと思うことが多いんですね。それに、そんなに世の中の皆が経営者になったら会社は立ち行かんでしょ（笑）。農政がおかしいのは、皆を経営者にしようと考えていることです。どうもそこら辺から、間違ってきてるんじゃないかな。

■小松　でも、非常に一般的なことを言わせてもらえば、一億二七〇〇万人の胃袋を満たす、という基本的な使命を背負って農業が存在しているとしましょう。他方で外国からの輸入圧力も高まっている。そのような環境下で、自らの使命を果たすためには、これまでの農業生産者、いい生産者というレベルではダメなんだ。やっぱり経営者が出てこないとダメなんだ、という論法がありますよね。お二人のご意見を、「生産者は作れても経営者は作れねぇよ」と、要約したときに、突然変異で生まれるしかない、きわめてわずかな経営者と、多数を占めるこれまで通りの生産者で、その使命を果たすことが可能なのか、という素朴な疑問が出てきますが、いかがでしょうか。

■安髙

経営者が作れないとすれば、その態勢で国内農業としての責任が果たせるように持っていくのが、行政の役割なんです。もし、日本の農業生産者が、農業経営者に成らない、成れないのが悪い、と農政担当者が言うとすれば、無い物ねだりも甚だしいし、責任転嫁の典型ですよ。

もっと言わせていただくと、行政が自分たちの危機感に基づいて関与してきた作目は、全部落ち込んできている気がしますね。私は野菜を作ってますけど、何の補助もない。例えばホウレンソウを一把二円や三円で売ることもあれば、一〇〇円や一五〇円で売ることもある。それでも、米農家よりも野菜農家の方が元気です。じゃあ、国の関与とは何だったのか。もちろん、行政の取り組みを全否定するわけではないんですよ。だけれども、そのやり方には問題がある。その結果が、今の農業に出てきているという気がします。

失敗が経営者を育てる

■小松　杉山さん。日産自動車のカルロスゴーン氏は、経営者の役割は「環境適応」と、言い切っています。日産という自動車メーカーを取り巻く、競合他社の動き、規制や法律、顧客の好み、これらはすべて変化する。その変化を見定めて、的確かつ迅速な適応をリードすることが、自分の仕事、すなわち経営者の仕事だと、彼は言うわけです。そうしますと、例えば、農業において経営者が生まれてこなかったとすれば、環境が変わらない、あるいは変わっていないように農業者には見えていた。あるいは、そう見せられていた、ということなんでしょうか。今後の展望も含めてお願いします。

■杉山　経営者が育てられるかどうかという点に関して言えば、二人のご指摘のポイントには完璧に同意します。しかし、経営者は育てられます。たしかに、簿記を教えたら経営者が育つわけではない。経営者が育つ条件はただ一つ。失敗させること、向う傷を負わせること、ただそれだけです。実は、お二人のお話を聞いていて、たいへん意を強くしたんです。ＪＡとのやり取りで、向う傷を負ってるのは私だけかな、と思ってたんですよ。でもお二人とも結構、文書を突きつけられたり、病人扱いされたり、普通の人なら挫けてしまいそうな、かなりの向う傷を負いながら育ってるわけですよね。私だって、ＪＡに助けてもらって農業をやるようになったわけですから、友好な関係を保っていければそれに越したことはないですよ。でもね、たった五反のブドウ園で作られる量のブドウを、ＪＡに出荷してたら家族が飢え死にするわけですよ。はっきり言いますよ。ＪＡ、いやＪＡグループのシステムは、五反のブドウ園を経営的に自立させる体系にはなっていない。だから、自分で売るしかない。文句言いたいのはこっちの方で、文句言われる筋合いはない。そうやって、向う傷を負いながら乗り越えて、やっとこさ一端の経営体になれたわけです。経営者を育てる手法は、失敗させること。何回も失敗させ、そして立ち直らせる。ところが行政がやってることは、簿記を教えます、パソコンを教えます、お金が足りないときは、補助金という名目で差しあげますよ。乳母日傘で、失敗させないように、失敗させないようにと長年やってきたわけですよ。そのやり方では永久に経営者は育たない。そればかりか、大切な予備軍を潰すことになる。私は、日本には小さな五〇〇万戸の農業経営が必要だと思っています。何回失敗しても立ち直れるくらいの小規模な農業。そういう経営を作るためには、皆に失敗のチャンスを与える必要がある。育てたいなら、守ってはいけない。安髙さんが、「保護されないところは生き残っている」って言われたじゃないですか。保護されない人たちは、痛い目にあってるんですよ、何回も。しかし自分で学習して、自分で経営者になったわけです。同じことだと思いますね。失敗させるように、失敗させるように。補助金なんかで保護してはいけない。これが私の基本的な考え方。そうすれば、経営者は自然に育つ。

■小松　同感。でも、行政が農業経営者を失敗させるなんてできませんよ。例えば普及センター長が、「俺の仕事はな、こいつらを失敗させて鍛えることや」と言って、本当に失敗させたら、めでたく左遷ですよ（笑）。

セーフティーネットは低く

■杉山　ですから並行して、セーフティーネットを作らなきゃいけない。失敗した人が、もう一度立ち上がるための仕組みを作らなきゃいけない。経営規模が小さければね、何回失敗したってダメージは大したことないんですよ。いくらでも再生できるんです。ところが、でかい人が倒れると大変。そういう人は戻ってこないんです（笑）。小さい人は、すぐ立ち直りますよ。だって損害が小さいから。そういう仕組みですよね。だから、経営者を育てるために、行政が支援する際のフィロソフィー（哲学）は、お金をあげて生活費を助けることではないんです。資本金は貸してもいいかもしれない。失敗したら没収すればいいんです。ひっくり返った人を助けるシステムを用意することが、大事なんです。

■長田　セーフティーネットはものすごく大切です。行政が一番やらなきゃいけないことだと思います。挑戦したい人間だとか、やる気のある人間、能力のある人間は、何度もチャレンジしたいですし、その可能性を奪っちゃいけない。セーフティーネットは必ず作らなきゃいけない。でないと社会が混乱します。でも、そういう人間はやっぱり突然変異として出てきます。ただ、農業におけるセーフティーネットは、ものすごく高い所に張ってあるんですよ。ちょっと落ちただけで、すぐ助ける。セーフティーネットを、もっともっと下げる必要があります。大けがをする寸前のところでやっと助かる、それくらいきわどいネットじゃないと、セーフティーネットではありませんからね。私の一番嫌いな言葉の一つが、他産業並み所得の確保、というやつです。認定農業者なんか一〇〇〇万円とか五〇〇〇万円なんですよね。私自身は、所得の設定そのものが嫌いなんですが、それはさておき、もしも他産業並みの所得を確保したいのであれば、他産業並みにセーフティーネットも低くしないと。皆同じ条件、同じフィールドで戦って、敗れた時にもう一回チャンスを与える。それが行政の仕事であって、セーフティーネットを高めることが行政の仕事ではないですよ。過保護、過干渉行政の見本ですね。

ムラ社会再考、そして最高

■小松　農業が、経済的に自立した、多様かつ多数の農業経営者によって、産業としての役割を果たしていくためにはどうしたらよいか、ということを考える時に、農業を知れば知るほど、なかなか産業にはならないような雰囲気を感じるんですね。例えば、ある借地型大規模稲作経営が全国的な評価を得たときに、「評価されるべきはその経営者ではなく、地主たちではないか。なぜなら農地を貸した人がいての大規模経営だから」といった発言をする地主もいるわけです。もちろん妬み心からですよ。だから立派な経営者たちも心得たもので、ここにいる長田さんも例外ではないと思いますが、よそでは元気だけれども、ムラのせま～い世界では本当に借りてきた猫のようにされているんじゃないかなぁと思うんですね（笑）。出る杭は打たれる、引っこ抜かれる。そんなことを聞いたり、見たりすると、農業の宿命かもしれませんが、産業としてなかなか伸びることができない気がします。ムラ社会が、伸びる機会を抑えたり、ブレーキを掛けることがあるのかな、と思うんですが、安髙さん、ぜひ、ムラ社会擁護論を展開してください。

■安髙　擁護論の大それた根拠はないんです。確かに、妬みややっかみといった、いやな部分、多々あります。でも、それが人間社会だし、それがあって初めて正常と言えるんじゃないのかな。そういうのが無いのもおかしな社会ですよ。確かに、足を引っ張るような要因があるから、なかなか農業が産業として育ちにくい、という側面もあるんです。しかしだからこそ、人間として大事なものが残ってきた。人間が人間としてあるべき姿が、まだ維持されてきた。違いますかね。

今、町の教育委員として教育問題に首を突っ込んでいます。やっぱり教育現場が荒れています。地域が崩壊して、子供たちには隣近所の付き合いもない。そして、朝ごはんも食べない。そういう社会を見た時に、昔のムラ社会には嫌な部分も一杯あったけども、失いかけてわかったことは、それ以上にお互いが助け合っていた、と思うわけです。だから、本来の人間のありようとは、そういう部分を大事にしたうえで、変えていくものがあれば変えていくべきなのだろう、とつくづく思っているところです。

■小松　杉山さんはいかがでしょうか。

■杉山　私は今、本当に快適に暮らしています。村とはうまくいっていますよ。

■小松　本当ですか（笑）。

■杉山　期待を裏切って申し訳ないですが、本当です。就農したころ、放送大学に通ったんです。その時に受けた講義の一つが「逸脱の社会学」。仕組みから逸脱していったらどうなるかっていうやつです。そのときに学んだことは、社会が健全であるためには、ある分布で人が存在する必要がある。つまり、綾町には、「杉山が大好き」という人が五人いる。その一方に、「大嫌いだ。石投げてやりたい」という人も五人いる。無視する人が五〇〇人いる。こんな感じで分布をなしているのが健全な社会だ、というわけです。だから、私のことを嫌いな人がいて当然。全員が好きだったら異常です。万一そうでしたら、私はそこには住んでいない。好きな人もいる、嫌いな人もいる、石投げる人もいる、握手をしてくれる人もいる。だから、快適なんです。ところが、妻はそう思っていないんです。一〇人の人に好かれたい。全員に好かれたいと思っている。だから、「あなたがあちこちで好きなこと、勝手なことばかり言うから、私は人様に顔向けができず、住みづらい」と、ぼやきます（笑）。しかし、私の考えでは、それが健全な社会だと思います。

私だって、最初の三年間は常にどんな集会にも行くし、「飲め」といわれた酒は全部飲むし、八方美人を演じてたわけです。最初の三年間はですよ。でも、段々自分の足で立ってきたから、ボチボチ少しずつ自分の言いたいことを言わせてもらおうかなと思って、今は九九％自分の言いたいことを言ってます。だから、石も飛んでくる。でも、ムラ社会も変わりつつあることを感じますよ。正確なデータではありませんが、綾町におけるＪＡの農産物取扱高は二六億円くらいです。しかし、町全体の農業粗生産額は、その倍以上はあるんです。古典的なムラ社会であっても、皆が変わりつつあるんですよ。ちょうど過渡期で、今こそ、こういう球を投げる時で、健全で居心地がいいと思っています。

■小松　予想外のいい答えなんで困っているんですけど（笑）。産業としての農業を考えた時、先ほど申し上げたような、収益性の高い表彰されるような経営を行う前に、農地を貸してくれる人にかなり気を使わねばならない、謙虚な姿勢を示さなければならない。おいしい米を作る前に、ムラの人間関係に神経を使わねばならない、といった問題についてはいかがでしょうか。

■杉山　私は農地をたくさん借りてないから、そんなことに気を遣ったことはないです。

逆に、小作料払いに行ったら、地主さんから、お土産をいただいているくらいですから快適そのものです（笑）。

結局、見せるしかない

■小松　よくわかりました。それでは、長田さん。

■長田　さっき地元に帰ったらこの私が、借りてきた猫のようになる、と小松さんが言われてましたが、まさしくその通りです（笑）。いろいろなところから講演に呼ばれますが、昔は大体一〇〇㎞圏内では喋らないようにしていました。最近では、少し距離が縮まって約三〇㎞になりました。俗に言う、インフルエンザが広まらない程度です（笑）。そのくらい神経を使っていますが、その範囲が狭まってきているのが実感できます。一〇〇㎞から三〇㎞へと、三分の一ですよね。これかなっていう感じがしてますね。もし地元でこういう話をして、たとえ全員を論破して説き伏せて、俺の言うこと聞けってことになったとしても、多分変わらんと思います。ムラの人たちをいくら論破しても、何にもならん。結局、見せるしかないんですよ。時間がかかるけど、これをやっていくしかない。徐々に徐々に範囲を狭めていって、最後は自分の集落で話をしようかなと思ってます。しかし、その日が来るまでには時間がかかる。なかなか変わらないという要因が、ものすごくあるから、言葉でいくら説き伏せても、農村社会では通用しないものが沢山あるんです。だから、見せるしかない。あとは、外からの情報を私がどんどん運んできて、入れていくしかない。それで問題意識を持ってもらって、何割かの人が、「今のままではダメ」と、思い始めたときに、何かお役に立てることがあれば話をしようかなと思ってます。そんな感覚ですよね。私が生まれて育ったところですから、杉山さんの感覚とは違うかも知れませんが、非常に心地よいです。

実は今年ね、生産組合長をしてるんで、非常に皆さん私の言うことを聞いてくれるんですよ。多分やり方なんでしょうね。集落全体の皆さんにいい経営になっていただくってのは、ものすごく大事なことですよね。水稲なんて特にそうです。用水管理なんて一括でやりますから、うちだけ儲かっても、周りが全部つぶれたって話になれば維持できんわけです。だからといって、集落全体をよくするために、「俺のマネをして、全員こうやれ」というわけにはいかない。だから言葉じゃなくて、見せるしかない。時間がかかるけども、それをやっていくしかない。

■小松　でも、ご自分なりの考えに基づいた農法で、米づくりに取り組んでいる長田さんと、従来通りの作り方をしている農家とでは、農薬の使い方一つとっても決定的に違うわけですよね。特に土地利用型農業の場合は、少なからず影響を被るわけですよね。その辺の違いを、どう克服されているんでしょうか。

■長田　杉山さんのおっしゃるとおりなんです。長田竜太が大嫌いっていうのが三割はいる。支持している人が三割、どうでもいいという人が四割いるわけです。それが健全な社会の構図です。私の集落も極めて健全です（笑）。その私を嫌いな方々が、「長田を何とか潰してやれ」ってことで、ラジコンヘリを使って一斉防除をしましょう、とやるんです。残念ながら生産組合長は私ですから、最終権限を持つ私が、却下と言えば却下（笑）。その辺は、ポジションとして把握しています。だから、中間層をこっち側にどうやってつけるかというのは、言葉じゃなくて姿を見せること、それしかないのかな。

村人の人を見る目は確か

■安髙　長田さんは面白がって一〇〇㎞から三〇㎞の話をされましたけど、実際は地元での人望、かなりあるんだろうなって気がしますよ。農村社会の悪いところが、何か諸悪の根源のように言われます（笑）。でも、ムラ社会にいたら、そらもう理屈は何もわからんで酒かっくらって飲んでるような、そこらへんのおっちゃんでもね、人を見る目ってのは、結構確かでね。あの人は頼りになる、あの人は頼りにならない、この人は出来る、この人は出来ん。ちゃんとね、人を見る目はあるんですよね。だから、長田さんは地元でもきちんと評価されていると思いますし、そういう部分もムラ社会にはある。だから、まだまだ救えるって、感じですよ。

■小松　逆に、面白くなってきている。そんな感じはいかがですか。

■安髙　そこまではよくわかりません。しかし捨てがたい価値、いいところは厳然としてあります。本来人間は、そうだと思いますけどね。

■小松　杉山さんは、地元からも講演にだいぶ呼ばれるそうですね。地元の方は、なぜ杉山さんの話を聞きたがるのか。そして、どんな反応をされるのか。さらには、聞いたあとに、変化の兆しが見られるのか。いかがですか。

■杉山　私にもよくはわかりません。でも、ＪＡの会議室で開かれるような小さな集まりで話したときは、すぐ目の前のおじさんたちが、「俺たちが考えてることとまるっきり違う」って、ため息をつかれるんですよ。要するに、私は異星人なんです。ただし、前向きの（笑）。私がハウスの構造を変えたりとか、いろんなことを試行錯誤してますよね。それを、遅れること五年から十年で、始める人がボツボツおられますよ。ですから、マネをできるところはしてるんじゃないか、という気がするんです。五年以上の時差がありますけど。それで、最初の頃には、ＪＡの総代会で「執行部の意見反対！」って言ったらね、僕を支持する人は一人もいなかったと思うんですよ。ところが、数年前に一つの事件があって。あっ、これ言わないほうがよかったんだぁ…（笑）

■小松　ちょっと待ってくださいよ。そう言われると聞きたくなりますよ（笑）。

■杉山　わかりました、言います。どこでも、総代会では、執行部の用意した意見を皆が賛成して終わるわけですよね。ところがある年に、私が執行部案に反対意見を述べたら、ほとんどの人が私を支持してくれて、執行部案に反対したんですよ。ところが議長は、「賛成多数です。次の議題に移ります」って言ったんです。みんなの意思を無視して。暴挙ですよね。そしたら後ろの人が立ち上がって、「何言ってんだ、反対多数じゃないか」と、言ったわけです。「じゃあ、もう一回採決します」となって、二度目も「あ、やっぱり賛成多数ですね」って言ったんですよ。ふざけた話でしょ。そしたら、後ろの人が立って、「馬鹿野郎！　お前、実際数を数えたのか！　ちゃんとやれ！」と、言ったわけです。三回目には皆うんざりして、早く帰って農作業したいっていう人がいて、杉山案は敢えなく否決（笑）。でも嬉しいことに、それ以来、表立って賛成しなくても、「あなたのことを支持してるよ」といった評価をもらえるようになったんです。だから、田舎も、じわりじわりだけれども、変わりつつあるなぁと感じました。そしてその後は、執行部提案はフリーパスではない、という意識ができてきました。さらに笑い話ですが、総代会の前には、幹部が私のところに説明に来るようになりました（笑）。

産業の枠組みも進化する

■小松　これからの農業の担い手の姿、イメージについて、安髙さんはどう考えておられますか。ちなみに、杉山さんは、多様で、小規模の、しかし基盤のしっかりした五〇〇万の経営体をイメージされていますが。

■安髙　特段ないんです。そんなに、いじくりまわさなくても、農家は残るんじゃないかと、楽観的に見ています。経営とまではいかなくても、それなりに生産して、その成果として家庭を支えるぐらいのことはできる農家・農業者は、これからの社会でも残れますよ。ただしその中身は、変わってきますよ。従来のままで押し通そうとしても、押し通せないような世の中の流れというのはあるような気がします。それさえ見ていけば、普通の農家でも、ちゃんと残れる。食料っていうものを、人間が永久に必要なものだとすればですよ（笑）。ただ、長田さんや杉山さんみたいな優れた経営者も出てくるでしょう。でも私は、その優れた経営者が大半を占めるような世の中は、絶対にありえないと思っています。だからといって、普通の農家の人たちだけの生産力でいいのかというと、そうではなかろうと思うんですよ。「食」というのは、理屈じゃなくて、やっぱり人間の根源的なところと絡んでますから、そういう意味でも残ります。変なふうに、行政やらＪＡが利用しなければの話ですが。

■小松　長田さんはどうお考えですか。

■長田　実は一年前くらいから考えてるんですが、農業界という枠組み、これは絶対に違うということです。「業界」という言葉がありますよね。農業界とか自動車業界とか。業界という概念があるのは、実は日本だけなんですよ、大げさな言い方をすると。アメリカには、そういう思考上の枠組みがないそうです。今後農業がどういうふうに進化していくかというと、農業の役割が進化していくのかな、と思ってるんです。具体的に言うと、一流ホテルのレストランでサラダを食べたい、というお客さんがいると、それに応える「業」が必要になってくるわけです。その時に、レストランという場所が要るわけだし、おいしいサラダを作れるシェフが要るわけですよ。そしてそこに野菜を運ぶための物流の人たちが要るわけだし、当然、素材を作る生産者も要るわけです。必要とされる場所や人は、これまではまったく業界別に別れてるわけですよ。ホテル業、物流業、調理業、そして農業。でも、これからは、この四つがセットになって、一つの業態になるんですよ。いいネーミングが思い浮かばないけど、「おいしいサラダ業」という感じです。おいしいサラダをホテルで食べさせる業界なんです。そういう縦のつながりが、今後いろんな形で出てくるはずです。そこに、農業が産業として自立していく「場」が隠されている気がするんです。皆さんの中にも興味をお持ちの方がおられるかも知れませんが、二〇〇五年八月に施行された法律により、ＬＬＰ（Limited Liability Partnership＝有限責任事業組合）という企業形態が創設されました。文字通り、組合なんです。現在ある農業協同組合は、農業という業界の組合なんで、いわば横のつながりの組合なんです。しかしＬＬＰという形態を使えば、縦のつながりの組合ができるんです。そうしたら、「第二ＪＡ」になるわけです。これは大きい組織にはならないですけど、「おいしいサラダを一流ホテルで提供する業」ができるわけです。そういうのが、無数に世の中にできる。例えば「おいしい肉を…」っていったら、畜産農家と、それを運ぶ物流業者、加工業者、それを焼くステーキレストラン、そしてシェフ。それらが一つの協働組織になるわけです。

これがきっかけになって、既存の業界は再編されていくのではないかと、踏んでいます。だから、農業を産業として確立させていくという発想ではなくて、「衣食住」という切り口でマーケットに焦点を当てれば、業界は確実に再編されていく。当然、監督官庁も変わらざるを得ないわけです。結構ワクワクしてるんですがね。

■小松　ＬＬＰという形態までには行っていませんが、安髙さんも、岡垣町の「ぶどうの樹」と連携されてますよね。その経験に基づいて、ご意見をどうぞ。

■安髙　確かにそうですね。売り方が変わってきたっていうのがありますね。だから、現在、レストランと縁があって、野菜を納めています。特に強調しておきたいことは、取引以上に、そこの社長さんから、意識改革を促されるような刺激を受けていることです。野菜は別に揃ってなくていい。割れていようが曲がっていようが。それをどう調理するか、どうお客さんに出すか。それは自分たちが考える、というポリシーです。これまで、規格重視のＪＡ共販や市場流通に慣らされてきた者にとっては、驚きだったし、目から鱗が落ちる出会いでした。曲がっていることや、大小バラバラであること、要するに、不揃いの野菜たちに対しては、抵抗があるんです。正直に言えば、不揃いであることは、作り手にとってはまさに自然なんです。しかし規格重視でずっとやってきたため、不揃いはクズであり、価値のないもの、という考えが刷り込まれているんです。一種のトラウマですよね。でも、十年一日のごとく、なんの問題意識もなくＪＡに持って行き、市場出荷するだけではなく、別な世界とつながる中で、徐々に、しかし確実に変わることができる、ということを肌で感じています。

■小松

長田さんのご指摘。安髙さんの実践。それらは、日本農業はどこまで進化するか、農業自体がどう化けていくかについて、「農」業という世界に逆にこだわっていたり、固執していたら進化なんかありえないんじゃないの、ということを示唆しているようです。マーケットも、消費者も、別に農業を求めているわけではない。おいしいサラダを食べさせてくれる「業」を求めている。おいしい米を食べさせてくれるシステムを求めている。「組み合わせは自由。一番いい組み合わせにお金を払います」という話だと思うんです。杉山さんはどうお考えですか。

市場経済でＪＡは機能するのか

■杉山　今の切り口だと、私には全然わからない。どうなっていくのかわかりません。お二人は多分、ＪＡという組織があってもいいっていう前提で議論しているわけですよ。でも、突き詰めていくと、ないほうがいい。私はそう考えているから、同じ論点の議論はできないんです。自由な競争を阻害するような、独占的な組織が、自由主義経済の下で、そのシステムに反して存在することを許容する前提で議論されてるわけですよ。今の自由主義経済を突き進んでいって、なおかつ農業を発展させるためには、ＪＡグループを一回崩壊させないと無理だと、はっきり申し上げておきます。このシステムを温存しながら、農業が自立して発展していく可能性はありません。それは、個人の農業者が市場を開拓したり、新しい売り方を考えたり、新しい作り方を考えたりすることを抑制する力、ブレーキにはなっても、それをどんどん発展させて、例えば、私が言うような五〇〇万経営体のビジネスモデルが成り立つような仕組みと両立することはできないですよ。ＪＡ

というシステムの存在が、そのようなビジネスモデルを産み出すこととは、根本的に相反するからです。法律的に、自由を基調とするシステムに従わなくても良いことを許されている組織ですから、そのような組織を前提として、新しいビジネスモデルであるとかWTOだとかを議論していること自体間違っているわけです。その間違いを、素直に認めちゃったほうがいいんじゃないか、と私は思ってるんですよ。それからしか新しいことは始まりません。

■安髙

確かに、おっしゃる意見はよく聞くんです。JAが一番役に立たん、あるいは邪魔してると。だから、「JAなんか利用せん」という農家は多いんですね。そういう時に私は、それは、天に唾する行為だと思っています。JAという組織はあるが、使えるようにはできていない。少なくとも、使えるようにできる可能性はあるのに、「そういう働き掛けができない自分たちですよ」と、言ってるようなもんです。かつて、出荷容器の問題がうちのJAでもありました。ハクサイやキャベツは、単価の割りには容器代がかかるんです。JAに出荷しないで、個人販売をしている農家が個人的に業者から仕入れている容器の単価と、JAの単価を比較したら、明らかに個人仕入れの方が安かったんです。何のためのJAだ、となるわけです。その時にどうしたかというと、われわれが業者から見積りを取って、それをＪＡを通して購入する場合と、従来通りの連合会からＪＡという場合とを比較して、条件の良い方を選択することを提案したら、最終的には新規のルートが選ばれたわけです。確かに、ＪＡ側は抵抗しましたよ。グループを前提としていますからね。でも、われわれがねばり強くやると、結果として変えることができたんです。

自分たちで変える努力をする、ＪＡを使えるようにするのが本当。それをしないで、ＪＡが悪い、ＪＡが悪い、と言うべきではない。使えるようになる余地は、まだまだある。

■小松　杉山さんは、ＪＡ云々よりも、使える努力をさせるような存在であること、そもそもその考え方自体、そして農家組合員が人がいいのか、農業という世界にそれが存在することを許している。そういう枠組みが、実は、自由主義経済の中での動きに対する精神的な意味も含めての手かせ足かせ、ブレーキになってるんだ、ということを主張されているんだと理解しているんですが。

■杉山　そうです。一人ひとりは凄くいい人たちで、一生懸命やってくれてるんです。

でも今の法体系の下で、あそこだけを独占禁止法の埒外において、いろんな制度を組み立ててるんですね。それを、いかに個々の問題で解決しようとしても、プラス面とマイナス面、全部足すと、制度としては、もう自由主義経済の中ではありえない組織じゃないかと見ています。一度早急に、法体系そのものからひっくり返して、作り直したほうがいいんじゃないかと、思ってるんですよ。

■小松　長田さんは「第二ＪＡ」といわれましたが、「今のＪＡを第一と位置づけた上での第二なの？」という意見もあるかと思うんですが、どうですか。

■長田　誤解させるような表現をしてごめんなさい。第二ＪＡという表現は、第一があっての第二、という表現ではありません。法的な解決も重要ですけれども、要らないものだとか、矛盾しているものは、放っておいてもなくなるものだと思ってます。だから、そこに意識を向けること自体、ムダだなと思っています。自分たちは、自分たちでやれるやり方を、新しいやり方を作る。その場合、マーケットを意識しながら、マーケットに対してどう応えるかだけを考える。なくなるものは必然的になくなるし、国民の多数が市場において、「こんなものいらない！」といえば、自然となくなるし、法制度を変えざるを得ない状況が出てくるでしょう。

安髙さんが言われた、使えるように自分たちがする、というのは、すごくエネルギーのいることなんです。悪いですけど、私はその役割は担わないよ、という感じですね。悪いとか良いとかいうのではなくて、そこにエネルギーは費やせない。でも、違うところで、こういう形もありですよ、というのを示すのが私の役割だと思ってます。変えることが可能だと思ってる方は、理事になって中から変えていただければいい。それは否定しません、でも私の役割は、そういうところにはないと思っています。

■小松

杉山さんの厳しいご意見は、日本の農業の方向性の中に、制度あるいは理念としての農業協同組合というものの位置づけを、全否定の可能性も含めて、検討を深めておかない限りは、日本農業の進化に向けたアクセルを踏むことにはならないんじゃないか、ということなんです。本日はJA問題のフォーラムではありませんが（笑）、第二幕で機会があれば、ご意見をいただきたいと思います。

楽しい日本農業と「国家の自覚」

■長田　第一幕の最後に、日本農業を上昇気流に乗せるために、あるいは、もっとハッピーな産業にするためには「これが必要ですよ」ということを、ご指摘ください。

教育、農業者教育ですね。農業は非常に誤解されてきています。高校への進路指導で、中学校の先生が「お前は出来が悪いから農業高校に行け」、というレベルの指導は論外です。次世代が農業に対して違和感を覚えない、農業ってなんて素晴らしい職業なんだ、と思えるような教育、そういう次元の教育をしてほしい。そういう根本的なところを、構築すべきです。自分自身農業に関わっていて、こんなにいろいろな知識、情報が必要で、奥の深い仕事はない、とつくづく感じているんです。栽培学、土壌肥料学、気象学、流通論、経営学、社会学、経済学等々、を総動員すべき産業はそうそうない。それも一人の農業者がですよ。頭の悪い人間に農業はできませんし、任せられません。しかるべき省庁には、早急に対応して欲しいと願っています。これがクリアできたら、農業は、もっともっと希望に満ちた産業になります。

■杉山　現在の食料自給率は四〇%ですが、これを四五%にまであげましょう、という動きがあるわけです。でも、食料自給率一〇〇%を目指さない国は存続できません。日本が日本であり続けるためには、断固一〇〇%を目指す。それぐらいの政策が必要なんです。誰が、どこで、何を、どう作って、どう売るのか、という質問や意見もあるでしょうが、気の利いた具体論があるわけでもありません。しかし、一〇〇%自給を放棄することは、「国家の自覚」に欠けています。

■安髙　今後どうなるか、という問題もあるにはあるんですが、農業に農家自身が支えられてるんですよ。だから、何よりも農家自身が楽しく、もちろん私自身が農業を楽しくやれたらいいと思ってます。やってる本人たちが、いやいや、不満たらたらでやっている仕事に、そしてその人たちによって作られたものに、人様が興味や関心を持つはずがない。楽しい農業を創りあげる、それが今後の希望であり、農業の可能性を広げるポイントです。

■小松　「楽しい」中身を聞きたいところですが、それは第二幕のお楽しみとします。

第二幕

集落営農に未来はない
農業ほど面白いビジネスはない
自立してこそムラの一員
面白くない人、やめんしゃい
学ぶときは身銭で語る
別れ上手な顧客管理
生産者と販売者と消費者を繋ぐ
敗北する権利は挑戦者のみに与えられる
ライバルは携帯電話
食料自給率は国家のあり方
この国の民から、農業は支持され得るのか
ＪＡの進化は組合員の役割
農業の進化は誰の手に
挑戦者たちの使命

□第二幕□

集落営農に未来はない

■小松　三〇数名の方からご質問をいただき、嬉しい悲鳴を上げています。もちろん重複するものもいくつかございますので、分類整理しながら、可能な限りお答えしていきますので、ご理解下さい。

それでは、まず「集落営農についてどうお考えですか」という質問に答えることにします。具体的には、息子さんが会社をリタイアして農業をすることとなったが、行政は集落営農を進めており、どういう姿勢で臨むべきか、お悩みの方もおられます。地元で生産組合長をされている長田さんからお願いします。

■長田　もちろん、私の集落でも、先日ＪＡの説明会があり、集落営農についていろいろ話を聞きました。この施策では、二十ヘクタール集めて集落営農にしなさいというように、面積を基準にしています。本来一つのビジネスプランや事業プランが必要なはずですから、面積だけを施策の対象基準にするのは、非常に危険です。たとえそこまで面積が集まらなくても、素晴らしい可能性やビジョンが示されていれば、それは行政として積極的に支援するべきでしょう。先程紹介されたような、息子さんが就農するのに、集落営農の網をかけられてしまうと、彼はオペレーターになってしまうのです。うちのＪＡも一集落一農場構想というものを進めようとしています。集落の中に、四ヘクタールの認定農業者がいようといまいと関係ないそうです。その構想では、私はオペレーターに位置づけられるわけです。ということは、毎月給料を払うから、それで生活しろという話になります。大切なことは、そこには、経営者という概念が抜け落ちている、ということです。面積で施策の対象にするか、しないかといったこと自体、もう既に間違っています。そういう集落営農は、やるべきではありません。

■小松　安髙さんいかがですか。

■安髙　「集落営農に未来はない」、これが経験に基づいた私の結論です。もちろん、他の地域では良い例があるかもしれません。しかし、経験に基づけば、集落営農の向こう側に農業の未来を描くことはできないと思っています。もちろん、集落営農を全面的に否定するわけではありません。それは、今ある集落をどうするかといったことで、対症療法的なものとしてならあってもよいと思うのですけど、これから先々の農業を支援するものとして、またそれに値するものとして位置づけることには、とても賛同できません。まだその中に若い人がいればいいけど、私の集落のように一番若い人が六〇歳代半ばといったところでは、一〇年後二〇年後はどうなるのか、とつい考えてしまいます。

■小松

私が住んでいる中国地方では、集落営農を普及し、さらにはそれを法人にしていくことが、重要課題として行政やＪＡグループで進められています。私は、農業という産業において、一円でも多くが稼ぎ出され、それが農業者の懐に残ればよろしいと考えていますから、そのための手段として、結果的に集落ぐるみになるのは結構だと思っています。また、中山間地域の高齢者が非常に多いところで、ムラ社会また集落自体の生活空間を維持していくために、田畑を一戸一戸の農家で別々に管理していくには限界がある。だから集落のみんなで、知恵と労力を出し合って活用していこうじゃないか。このような集落営農ならば結構な話だと思いますが、農業を守るために集落があります、といった逆立ちした発想が流布されている気がしてならないんです。さらに、そこが担い手として認定されたら、カネが配られる可能性がある。何とかして、もらえるものをもらうための受け皿として、集落営農の法人化を進めようとする動きもあります。日本農政における負の歴史が、ここでも受け継がれようとしていることに対して、大変危機感を抱いています。集落営農の必要性が叫ばれている地域では、今のお二人のご意見は、必ずしも賛同を得ないかもしれません。しかし、日本の農業をどうするか、さらには「進化」する農業をどう構築していくかを考える時に、お二人の明快なご意見は、非常に重要な指摘です。

農業ほど面白いビジネスはない

■小松　杉山さんに、「五〇〇〇万戸の農家を作るには、どのようにすればよいですか」という質問です。この点に関連して、兼業農家や自給農家の位置づけも含めて、農家五〇〇万戸育成ビジョンについてお願いします。

■杉山　五〇〇万戸という数字には何の根拠もありません（笑）。ただし、今二〇〇万戸強の農家があって、そのほとんどが兼業農家だとしたら、私は、兼業農家はすべて専業農家になるべきだ、というふうに思っています。

■小松　大胆なご提言ですが、その理由は？

■杉山　農業ほど面白いビジネスはないからです。これほど、人が人として生きやすい職業はないからですよ。自分自身の体験、かつての同僚や後輩達の姿を思い出すと、サラリーマンは、けっして気楽な稼業ではなく、身体と精神をすり減らして、精神を病む寸前のギリギリのところで生きているわけです。私の本を読んだ方達から、二〇〇〇通ほどのメールを頂いています。失礼ですが、その方達はほとんど病気と隣りあわせにおられるようです。でも、お百姓さん仲間には、私を含めて、変わっている方や癖のある方はいても、はるかに健康的です。だから、皆が専業農家になればいいんです。こう言うと、どうやってそれだけの数のお百姓さんが生き残れるのですか、という質問が必ず出されます。こういう質問に対して私は、いつもトヨタ自動車のカローラの例を挙げています。カローラがベストセラーになって久しいわけです。もちろん一回転落しましたが、また復活したわけですよね。大切なことは、カローラと一括りで考えてはまずいことです。細かく分けると、二万モデルもあるんです。だから、カローラという一つのビジネスモデルが成功したのじゃなくて、二万のビジネスモデルが集大成したものが、いわゆるカローラとして成功しているわけです。ということは、農業を集落営農のようにワンパターンで、全員が同じ船に乗ってうまくいく、なんていうストーリーはないんです。五〇〇万の農家は、五〇〇万のビジネスモデルを作らないといけない、そういう仕組みが必要なんです。そしてそのモデルは、変わるんです。つまりビジネスモデルには流動性が不可欠なんです。この不可欠な流動性を阻害しているのが制度なんですよ。だいたい考えてみてください。コルホーズが崩壊してソビエトが崩壊したんですよね。集落営農っていうのは、コルホーズを日本に作ろうとしているんですよ（笑）。馬鹿みたい。全然違う一人ひとりのビジネスモデルを集めたものが、集落のモデルになる。そういう形のストーリーを、作らないといけないんですよ。

■小松

面白いです。本当に。「杉山さんは小規模化、低コスト化を提言されていますが、小規模化と低コスト化は相反するものじゃないの？」という、小規模化と低コスト化の関連性についても、お願いします。

■杉山　皆さんは一〇〇円ショップのオーナーになりたいですか？　一〇〇円ショップに売っているのと同じようなベルトが、別の店に行けば二〇〇〇円で売られているんですよ。だから、私は同じものを作るのだったら、二〇〇〇円で売りなさい、二〇〇〇円で売るような工夫をしましょうよ、と言っています。今のＪＡの共販制度は、一〇〇円ショップを皆で作ろうという論理なんです。やり方が違うんですよね。丁寧に作って、丁寧に売って、付加価値を高くすれば、五分の一の規模でも成り立つんですよ。そういう仕組みとか、売り方とか、作り方を考えるんです。私はそういうような方向を常に狙っています。

■小松　実は、昨年末に杉山さんのお宅にお邪魔したときにショックを受けました。私、大学で学生たちに農業経営学を教えています。経営もしたことがないのに（笑）。ショックというか、恥ずかしいというか、その時のエピソードをここで大盤振舞いします。たまたま、福岡県のブドウ農家の女性が杉山さんの話を聞きに来られていたんです。彼女は専業農家に嫁ぎ、ご両親と自分達夫婦の計四人でブドウやカキを作っている。もうすぐ両親が農業から引退する。夫婦二人では手に余るので、経営規模を縮小しなければならない。その方は、経営規模が縮小するので所得が減る、と暗い顔をされました。私も同じ事を予想しましたよ、本当に。でも杉山さんは、違う反応をされたんです。

■杉山　え？　そんなことありました？　覚えてない。

■小松　覚えてない、再びショック（笑）。それくらい、杉山さんにとっては、常識なんですね。杉山さんにとっては常識なんですが、私にとっては非常識な話だったんです。要は「一番駄目なところからやめますよね」と、言われたんですよ。果樹園の中で、生産性や収益性の悪いところをやめるでしょう。そんな場所ほど、コストがかかっている。一〇万円の粗収益を上げるために一二万円をかけているとすれば、やめることで二万円浮くことになる、といった話、だんだん思い出してきました？

■杉山　そう、そう。売り上げは減っても利益は増えるんだ、ということですよね。

■小松　そうです。小規模化というものは、すべてを縮小コピーにかけてしまうわけではないんだということです。小規模化し、無駄なところを省いていくことが、所得を増やしていくことにつながる可能性が大であるということです。

自立してこそムラの一員

■小松　安髙さんに、「ムラ社会には、よそものを排除するという意識がたくさん存在しているんじゃないですか」という質問です。よく、地域を変えるのは、既成概念や地域のしがらみに毒されていない、よそ者、若者、馬鹿者である、と言われます。それを排除するというのは、ムラ社会やムラの主要な産業である農業の発展を妨げているんじゃないの、という意見に対してどのようにお考えですか。

■安髙　確かに私の集落でも、新住民に対して、「あの人は新しく来た人だからね」という言葉が自然と出ます。どこもそうだと思いますが、すぐにそういう新しい人を受け入れるということはないんです。でも、どんな農家にも人を見る目はありますす。だから、そこに生まれ育った人たちの、最初はやや排除するような態度なんかを、長い目で見て欲しいですよ。気長に構えて、その中に入っていれば、いい人に対しては、地域はよく見ていて、いつの間にか受け入れてくれると思います。一朝一夕に受け入れて欲しいというのは、ちょっと無理かもしれないけど、どこにだってある話じゃないですか。

■小松　若者で、馬鹿者と言われてきた長田さん、どうですか（笑）。

■長田　だからこそ、馬鹿者である必要があるんです。受け入れられていないことに対して、悩んでしまうのは非常にまじめな人です。馬鹿者というのはそんなことすら、感じない。

■小松　自分が拒絶されているかどうかすら、わからない。

■長田　そうそう。それが、馬鹿者の凄いところだし、それがないと地域は変えられない。受け入れられないことを意識してしまって、それを農村の嫌なところ、だめなところだと感じてしまうのは、非常に正直で、まじめなんです。

■小松　よそ者だった杉山さん、いかがですか。

■杉山　地域に入っていくためには、受け入れてもらわなければならないですよね。だから、この私でも、最初の三年間は八方美人で一生懸命やりましたよ。だから、労働時間も長かったし、交際費もたくさん使いました。でも、基本的に地域がその人を見る目っていうのは、その人が自分の足で立っているかどうかで見ているんですね。だから、自分の足で立っている人が少々脱線して、地域のルールから外れても、受け入れるんですよ。最初に来た人は往々にして言うんですよ、地域に寄りかかりながら地域に助けられながら生きていきたいと。それは、駄目なんですよ。どこの社会でも一緒だと思いますが、地域への入り方というのは、最初は頭を低くして入っていって、しっかりと足で立てるようになってからね、自分の主張を始めるというやり方でいいんです。別にこういったことは、農業の世界だけのことではないと思います。

面白くない人、やめんしゃい

■小松

若い方から、「今日の話は非常にテーマが大きすぎるので、自分とピントが合っていません。今は自分の利益追求とそのための勉強時間を確保することで頭が一杯です。要は、個々の利益の出し方に興味があります。ノウハウの一片でも語っていただければ」という質問です。申し訳ないですけど、キーワードも含めてノウハウの話は、これまでずっと出てきていたはずです。この質問者をダシにして、「若手農業者を育てるにあたり、まずすべきことは何ですか」、あるいは、「農業のここが面白い」といった話をして頂けますか。長田さんからどうぞ。

■長田　経営というものは、難しく見ると非常に難しいのですが、単純に見ると非常に単純明快です。私が非常に興味を持っているのは回転率なんです。一年に何回転するか。普通のメーカーは、回転率の高いところに資本を投下する。回転率の高いところに資本を投下すると、利益が上がる。反対に、低いところにお金をかけると利益は出ない。これ、経営では当たり前の話なんです。利益の出る方法は、単純にですね、回転率の高いところにお金をかけることです。でも、今の若い農業者達を見ていると、回転率が一番高いところにお金をかけていない。例えば、一〇〇〇万円以上もするようなコンバインを、平気で買っちゃう。で、これが一年間にどれだけ動くのか。絶対に一回転はしない。大事なことは、すごく回転をしているところにお金をかける。これが大事なんです。二四時間三六五日、一番動いているのは、自分自身なんですよ。そこにお金をかけなさ過ぎる。一般企業も同じですよ。どこに最もお金をかけているかというと、社員教育にお金をかける。人にお金をかけているんです。何故か。一番回転しているから。だから、農業で利益を出すには、如何に自分にお金をかけるかだと思います。例えば今日みたいに、ここに参加するのも自分への投資ですよ。ここまでの交通費や、一日費やすことを考えたら、かなりの投資になるわけだし、本を買う、新聞を読む、そういう投資が重要です。そういうこともやらないで、利益を上げたい、ノウハウがない、というのではなくて、まず最初に自分に投資するべきです。それが、次のノウハウを見つけるときの近道です。

■小松　農業の面白さについてはどうですか。

■長田　一番僕が面白いなと思うのは、周りが皆面白くない顔をするからですよ、農業に対して。これはチャンスですよ。皆が面白がってやってしまうと、非常に競争が激しくなる。こんなに競争がない世界って、宝の山で、面白すぎます。可能性の宝庫です。特に米っていうのは、皆が駄目って言うでしょ。ラッキーだと思いますね。皆が、米づくりは、稲作は、ビジネスチャンスだと思ったら、競争相手がどんどん増えていくわけですから。国を挙げて米が駄目だと言ってますから、

■小松　こんないいビジネスはない。僕は、そこが可能性として一番農業の面白い点だと思います。誰も気づいていないんですよね。この金鉱脈に…

今日、そういうこと言っていいの（笑）。杉山さんいかがでしょうか。

■杉山　答えはたくさんあるのですが、ひとつだけ例を挙げます。あるお百姓さんに、「あなた、何で自分の作っているブドウをそんなに安売りするんですか。五〇％増しでも、倍でも売りなさいよ」と言ったら、「いや、ここら辺じゃ絶対そんな値段じゃ売れない」と、言うんです。何に負けているかというと、自分に負けているんですよ。自分が作ったものに自信があって、それに対する自分の労働をなるべく高く評価したいと思ったら、五〇％増しや倍で売る工夫をする必要があるんです。これは、もちろんアイデアだけではなくて、時間の問題でもあります。その人は八〇〇円ぐらいで売っているんですが、それを一五〇〇円で売りに出したら、一年目は売れ残るかもしれません。でも、その努力をし続ければ五年後には売り切れることになるでしょう。そういうことが必要なんです。どうしたら一五〇〇円で売れるようになるんですか、というテーマを持って、いろいろな人に聞いてくるとかね、必死になって聞いたり考えたり試行錯誤していたら、何年か後には解決するんですよ。ところが、そう思わない人は永久に解決しない。「自分の作ったものは八〇〇円でしか売れない」と思っている人は、永久に八〇〇円でしか売れない、もしくは潰れるんです。これは農業の宿命ではなく、その人の宿命です。農業という産業はこういうもんだと、一般化すべきではありません。絶対一五〇〇円で売るんだと思えば、必ず売れるようになる。そこがポイントなんですよね。自分に負けちゃいけない。

■小松　農業の面白さっていうのは、負けないチャンスがたくさん残っていることだと考えてもいいですか。

■杉山　もちろんそうです。最初の段階で、これをクリアするには三年から五年はかかる、と決めればいいんですよ。その間は仕方がない。売れない分は地元で売らないで、遠くの市場に行って売るとかね。何でもいいんですよ。この人のモノは、一五〇〇円だと思い込ませればいいんですよ。そして、頑張って、頑張って、さらに頑張ると必ず解決するんです。そういう努力が足りない。で、そうすると、今まで八〇〇円で成り立っていたわけでしょ、精一杯働いていたわけでしょ、気がつけば労働時間が三分の一になってるんです。すると、改善の余裕が一杯出てくるわけです。そういうふうに私はいつも言っています。

■小松　安髙さん、農業のどこが面白いんですか。

■安髙　面白いとか、面白くないとかは、主観の問題ですからね。「面白くない」って言う人に、「面白いと思え」と言うのも変な話です。面白いと思わなければ、やめた方がいいでしょう。ただ、私がどうかと言えばね、そりゃー苦しいことも一杯あります。もう嫌だって思うこともあります。だけど、ふとした瞬間、収穫したニンジンが綺麗だと思う、ああいいなと思う瞬間、自分が納得できるそんな瞬間を持てていいな、と思うわけですよ。それが幸せに通じれば楽しいんです。もちろん、儲かるほうがいいんですよ。だけど、金銭だけでなくて、そういう自分がやっていることに対して誇りが持てるというか、自分たちの努力に対して、自然が評価してくれている瞬間を感じることができる。その瞬間がたまらんのですよ。だから、面白くないな、嫌だな、と思うことが多いなら、やめんしゃい（笑）。早くやめたほうがいい。そうでしょ。

■小松　今のご意見を聞いて、五、六名の方が足を洗うんじゃないですか。

■杉山　いや、おそらく五、六名以上の方が、兼業から、専業に変わるかも…（笑）

学ぶときは身銭で語る

■小松　「長田さんは経営者は育てられないとおっしゃったが、なぜ長田さんがおられる石川県では、優れた経営者が多数育っているのですか?」、という質問です。

■長田　優れた経営者が育っているかどうかはわかりませんが、僕らがやっている取り組みを具体的に紹介します。今年もつい先日行ったのですが、一人三万円の会費で、金沢市で一番高いホテルの一室を借りて、全員が三〇分間プレゼンをするんです。一年間に一回しか集まらないんですが、毎年必ずこれをやるんです。私は、自分の意思を相手に伝えるということは大事だし、ビジネスにおいてもプレゼンができるということは不可欠なことだと思います。「俺は農家だから、口下手でいい」、そんなことはないですよ。自分の意思を相手に伝えるということは、とても大事なことです。話が下手かどうかっていうのは、能力じゃない。しゃべった回数です。今年は八人集まりました。一人三〇分プレゼンして、三〇分質疑応答をして、合わせて一時間。これを、八時間やったんですけど、これを毎年続けるしかないなと思ってます。もしも、石川県から優れた経営者が出てるとすれば、こういうことをやっていることも一つの理由かな。少なくとも、従来の、懇親会目的の集まりでは、能力はけっして高まりません。

■小松　駄目なんですよね。飲み会がメインで、アリバイ的に研修が付くのではね。

■長田　身銭を切って、自分に投資することですよ。もちろん聞くのも大事かもしれないですが、それ以上に話すのは大事、伝えるということはものすごく大事。これを、私達農業者は、もう一つの武器として持つべきなんですよね。農業者は、いままでこの武器をいらないと思っていた。でも、大事な武器です。

別れ上手な顧客管理

■小松　杉山さんに対して「顧客情報の管理法」についての質問です。

■杉山　そんなに難しいことじゃないんですよ。まず、お客様の情報を集めるということが大事ですよね。例えばブドウ園を開いたならば、来てくださった方に、「来年から開園案内など、いろいろな情報提供をしますので、名前を書いていってください ませんか」と、恥ずかしいけど、努力して声をかける。そして、書いてもらう。それが最初ですよ。一年間に三〇〇人ずつ集まると、五年あれば、一五〇〇人を集めることができる。それを後は圧縮する。密度の薄い情報をたくさん持っていても仕方がないわけですから、如何に圧縮するのかということです。もちろん、お客様の名簿に今まで何個送ったか、いつ来たか、何回来たか、といった情報を付け加えておくことも大事ですが、一番大事なのは、引くこと、つまり削除することです。削除するシステムがあるとどうなるかというと、お客さんの集団が動くんです。もっと高いものを買うお客さんとか、もっといっぱい買うお客さんとか、お客さんの集団を動かすんです。動かすためには、足す仕組みと引く仕組みが必要なんです。一五年間そういうことをやっていると、自然にうちから買うし、たくさん買うし、必ず来るというふうにお客様が動くんですよね。

■小松　足すのは皆得意なんですよ。なんでもかんでも付け加えていくわけです。その引く技術とか、抜く技術といった場合の着眼点はどこですか。

■杉山　戦略的に小さな経営を目指しているから、自分で決めるんですよ。例えば、お客様に葉書で案内状を送るとしたらば、一回にかける金額の上限はいくらって、自分で決めてしまうんですよ。そうしたら、それ以上の数のお客様になったら困るから、増えすぎたお客様を消すわけですね。だから足すときには、その分、あらかじめ削って、そして足すわけです。おわかりいただけますか。

■小松　なかなかピンと来ませんが、削られるお客様というのはどういう方ですか。

■杉山　しばらく来てないとか。来た回数が少ないとかね。コンピュータっていうのは並べ替えが得意だから、何を使って並べ替えをするか。それだけです。毎年、必ず消す、次いで足すってことをやってると、自分が希望する方向に自動的にお客様の集団が移動していくんですね。それが、ノウハウじゃないですか。

■小松　安髙さんも、お米の直販やっておられますよね。顧客管理はどうされていますか。

■安髙　米は一度買うと、だいたい一年間もしくは数年間は、続けて購入してもらえるんです。だから、おのずとデータとして残るんです。一年間に直接渡していると、やっぱりその方も一年分は確保したいんですね。確保したいってなると、今のお客さんのうちでどれだけが、自分の生産量と見合うかっていうのが決まるんです。だから、必要以上にお客さんを抱え込むわけにはいかない。だから、売り切れ御免、ということもあるわけです。そういう意味では杉山さん流に言うと、優先順位がつくわけです。このようなお得意様の分から確保することを前提に、一年分のストックを考えて生産しますから、当然昨年この方はどれだけ買ったかというデータは必需品です。この程度の顧客管理です。

■杉山　ブドウ園だとお客様のリピート率が、相対的に顧客の数に比べて低いんです。しかし、米はブドウの百倍くらいのリピート率なんでしょうね。その違いは管理にも影響しますよね。

生産者と販売者と消費者を繋ぐ

■小松　「LLP（有限責任事業組合）を使って、生産、流通、消費をつなぐとき、誰がリードしたらいいのか」、という質問です。長田さんお願いします。

■長田　私も勉強中なんですけど、LLPというのは、大手企業とベンチャーの結びつきかたについての一つの興味深い形態なんです。ベンチャーには、資金力がなくノウハウがある。大手企業には、資金力はあるがノウハウがない。その合体したものを、株式会社にしてしまうと、大手企業が株主として入って利益の八割を取る。ベンチャーは不満で、モチベーションが下がる。しかしLLPだと、ノウハウも資産価値として評価する。農家が、このサラダにはこの野菜を使うととてもおいしいものができる、というノウハウを持っていれば、LLPを作ったときに、ノウハウを資本として参入する旨を定款で決めればいいんです。そういう画期的なやり方が、日本で許されるようになったんです。それを使えば、縦の流通の組合が可能なんです。今までは、そういう概念がなかった。全部株式会社だと、大手が来て、農家を利用してやっちゃうんじゃないかという恐れがあったけれども、そうではないやり方がこの国で許されるようになったから、私は注目しています。そしてそれを使って、生産者がイニシアチブを取った一つの経営体を動かせればいいなあと考えています。その段階に来たら、農業ではなく、新しい「業」が誕生しているわけですね。その中で、われわれがどうやってイニシアチブを取るのかについては、もうお金じゃないと思います。ノウハウが資産価値として、その中で評価される時代が来ている。資金力がないからダメよ、言いなりよ、という時代じゃなくて、栽培技術とかノウハウなどの価値を武器に、新しい業界を創りあげることが可能なんです。

■小松

安髙さんは、ＬＬＰではありませんが、そのような取り組みに実際に関わられていますが、基本的には呼びかけがあったというふうに考えてよろしいんですか。それとも、ご自分からアプローチされたんですか。

■安髙

出会いは偶然です。売り込もうとか、そういうことは別になかったんです。たまたま私の隣人から回りまわって、「これいいね」ってことで来たわけです。

■小松

本日のコーディネーターをするにあたって、幻冬舎から出版されている福井栄治さんの『野菜ソムリエの美味しい経営学』を紹介してもらいました。福井さんは、商社マンとして農産物流通に関わっていた時に、非常に宝の山があると思っておられたそうですが、実際は、生産者と消費者が分断されており、情報断絶状態にあることがわかったので、生産者と販売者と消費者を繋ぐところに着目し、ビジネスとして取り組まれています。

繋ぐところをもっともっと詰めていけば、農業者と消費者・生活者が、今まで以上に満足できる状況が創り出せるはずです。

■安髙　やっぱり、そこ。繋ぐきっかけなんですよ。とにかく、情報の最初の発信の仕方が分からないですね。でも、とりあえず発信することです。例えば、私がホームページを開いていたら、ニンジンを買っていた方がそれを見て、興味を持たれて、お宅のニンジンでケーキを作りましたって、持って来てくださるわけですよ。別に、そんなことを期待していたわけではないんです。とにかく、自分の情報を発信していれば、そのうちどっかに繋がる。そんなふうに思います。だけど、これまでの農家というものは、ホント発信しませんね。発信しないということは、発進しないということでもあるんですね（笑）。物言わぬ農民像を美徳と思っている限り、進化はないかもしれませんね。

敗北する権利は挑戦者のみに与えられる

■小松　ちょっと、目線を変えて、失敗談をお聞きします。「経営者を育てるためには、失敗をさせなさい」と言われた杉山さん、トップバッターでお願いします。

■杉山　私のホームページに、「豚もおだてりゃ樹に登る。登った豚は必ず落ちる」ということで、『必豚落樹』という題名のコラムを出しています。これ全部私の失敗談です。もちろん私が豚ですよ。一五年間に、これでもか、これでもかってくらい失敗してます。ご安心下さい。原則として、人の真似はしない主義ですから、当然一〇やったら、九は失敗するんですよ。でも一つは成功するんです。実はそれがいいんです。一つ成功するたびに、それをずっと溜めていけば、かなり違う経営になっていきます。

■小松　安髙さん、いかがですか。

■安髙　若い頃、自慢のニンジンを青果市場に持っていって、並べてたんです。いつもと同じように並べていたら、たぶん仲買さんだったと思いますけど、「これあんたのニンジンね。なんね、こんなん持って来て」と言って、バーンってひっくり返されたんです。これは、強烈なインパクトがありましたね。向こうの言い分は、不揃いだというわけです。「工業製品やあるまいし、多少は大小長短あるわい」と、思ったんですけど、その経験は、後々になってみれば、ずいぶん私のためになったと思います。怒りと恥ずかしさ、そういう顔から火の出るような思いをする経験はけっして無駄ではないです。

■長田　杉山さんのおっしゃったように、一〇戦一〇勝は絶対ない。一勝を生み出した、九敗の重みをもっと評価すべきですね。まずは一つ勝つこと。それで良い。それを積み重ねて、一つでも勝ち越す。あまり使いたくない言葉ですが、一つ勝ち越している人は勝ち組。でも、負け組と言われてる人は、一〇敗してるけど、九勝してるかもしれない。戦っているからこそ、勝ち負けがあるんです。それを二極化して考えているのは、大間違いだと思います。勝ち組と負け組の反対側に、何もしてない人や会社、それに組合なんかがあって、自分たちのことを勝手に負け組だ、と言ってるわけです。本当は、この人たちのことを「待ち組」と言うそうですね。戦った結果、負けている人たちと一緒にしては、負け組に失礼です。

■小松　敗北する権利は、挑戦者のみに与えられる、ということですね。

■長田　そうです。ところで、私の失敗談ですが、最も思い出深いのは、米を売ろうと思って、チラシを三万枚配った時のことです。一割ぐらいは注文があるだろう、と踏んだんです。きっと米が足りなくなるから、近所の農家には、「農協に出すな、俺が売ってやる」なんて言ってたんですが、実際に来た注文は、なんと二件でした。それで、いろいろなことを考えるようになりました。でもよくよく考えたら、これは失敗という概念とは違うんです。課題なんですよ。失敗というのは、課題がクリアできなくて止めたとき、あきらめた時にはじめて失敗となるわけです。こんな時には、俺は失敗したんだ、と思うのではなく、課題がクリアできなかっただけだと思えばいいんですよ。そして、いつか必ずクリアすると考えればいいんです。ほとんどの人間はそれができないから止めちゃう、止めた時点で失敗なんです。この違いは大きいです。

■杉山

私が就農する前に最初に立てた計画では、初年度の売り上げは六五〇万円。手元に所得として約四〇〇万円残って、年間総労働時間が三〇〇〇時間、これでスタートしたんです。実際やってみたら、六五〇万円とシミュレーションした売り上げが、二七〇万円しかなく、三〇〇〇時間のはずだった労働時間は、何と六五〇〇時間。これは、長田さんが言われたように課題だったんですね。当初の予定とどこが違うのか、一つ一つ攻めたら、答えはすぐに出てきました。そこがポイント。大風呂敷の就農前計画は失敗したけれど、シミュレーションしているから、どこが間違っているかすぐにわかる。だからすぐに修正ができた。負け惜しみじ

■小松

ゃないです。確かに、課題なんですよ。

なるほど。質問された方々も、失敗のままで終わるんじゃなくて、どこかでそれを取り返すだけの何かを確実にやられていると思うんです。だから、失敗っていうのは次の戦いの糧である、というぐらいの感じで、大いに失敗していただきたいと思います。「小さな傷を負わない者は、大怪我をする」そうです。若いときに、経営上の失敗をどんどんさせる。それをしないで育った経営者は、命取りの怪我をする、ということです。

ライバルは携帯電話

■小松

「外国産農産物とどうやって戦うの？　勝てるの？　皆さんはきっと勝てるよね、でも勝てない人が多いんじゃないの？」という質問です。特に、普通の農家なら勝てっこないはず、という意味が込められていますので、普通の農家代表安髙さんから。

■安髙　基本的に、外国の品物は駄目っていう人は、必ずいる。理由はいろいろあるでしょうけど。そこを狙えばいいんじゃないですかね。顔が見えるというか、誰が作ったの、という部分で伝わるものは、外国のものは弱いはずですよ。そこにわれわれの勝機もあるはずです。もちろん、それだけじゃないでしょうけどね。

■小松　その答えを想定していたような質問もきています。生産者の顔が見えるとか、安全・安心志向とか、いろいろ言われているけど、いざ買う段階になったら、少しでも安いものを、という消費者が多いはず。「そんなこだわり、ニッチマーケットを狙ったような農業生産は、国民の胃袋を満たすという責任を果たせないのでは」、という質問です。

■安髙　国民の胃袋を満たそうとは思っていません。それに、満たせもしないでしょう。外国産とそこで戦っても、今の状況ではとてもじゃないけど勝てないはずです。

■小松　一〇〇%自給論者の杉山さん、いかがですか。

■杉山　まず、基本的に自分が生きていかないといけないんですよね。ですから、自分が生きていける農業をしないといけない。高収益を上げ、生活を文化的にしていくためには、利益率の高い作物を生産しないといけない。実質的には、自分が持っている年間総労働時間は、逆立ちしても三〇〇〇時間、通常は一八〇〇時間ぐらいしかないんです。だから、そういうものを作らないといけない。実は、事前ヒアリングにこられた小松さんから、「いくら利益率が高くても、日本中の稲作農家が全員ブドウを作るわけにはいかないでしょ」と、言われたんです。でも、私は「全員がブドウを作ればいいと思ってます」と、答えたんですよね。

■小松　はい。これも驚きでした。

■杉山　ブドウは象徴的な例です。労働収益性の高い作物は、リスクが大きいか、高い技術を要求されるかです。ここでいう技術とは、モノづくりだけじゃなく、販売技術とか経営技術を含んでいます。ここ大切ですよ。そういうモノを作らない限り、高収益は望めません。皆がそっちに動いていくような、流動性が必要なんです。だから、自由に作物を選択して、自由に作物を作り、売りたいところに売る、その仕組みが必要であるし、そういう努力をしないと、市場は最適化しないわけです。とにかく、今のやり方を変えましょう。

■長田　外国の農産物と戦うということですけど、まずは生活者側が、何に幸せを感じるかっていうところですね。例えば、今の女子高生は自分の小遣いをどこに使っているのか。携帯です。彼女たちは、なぜそんなに携帯にお金を使うのか。そこに幸せを感じているからです。比喩的ないい方をすれば、彼女たちが母親になった時に、携帯にお金を使う生活じゃなくて、食にお金を使うような生活にもっていく必要があるんです。国内農産物の敵、ライバルは、外国の農産物ではなく、携帯電話です。違うものに金を使われているわけです。そこに幸せを感じられていることを、ライバルとして捉えるべきです。外国から入ってくる、入ってこないというよりも、ライバルは極めて身近にいるわけです。彼女たちに対して、食に幸せを感じてもらうことができるように、われわれが発信すれば、提案すれば、将来、彼女たちは、携帯電話に使うお金を食に使うようになるわけです。敵、あるいはライバルを間違っているわけですから、当然勝つわけがない。

■小松　誤解を恐れずに言えば、それは、いままでの農業には幸せを作る、幸せ作りに貢献する、という発想がなかったからですか。

■長田　そうだと思いますね。今やっと食育基本法ができて、そういう時代が始まりつつあるのかなと思いますけど、今、彼女たちにとっての食事というものは、携帯から携帯への電話を繋ぐための、腹減ったら食う、それだけのものです。そこに幸せを感じていない。でも、携帯やって、午前から午後になるまでに昼飯食わないといけない。その「食」の瞬間に、すごく幸せを感じられるような提案をこちらができれば、彼女たちは携帯に使うお金を減らしてでも、食にお金を突っ込むようになるんです。その提案をしなきゃいけない。皆、どこに金を使うかっていうと、やっぱり幸せになりたいからだと思います。幸せになりたいからお金を使うし、自分の幸せを感じる部分に、お金を使うようになるんです。農産物の価格やコストの競争ではなく、ライバルをしっかり見定めて、それ以上の幸福感を創造してあげるべきですね。

■小松　この点について、杉山さんはどう思われますか。

■杉山　要するに、お客様が魅力と感じるものを作らないといけない。私、お米作ってます、といっても、一人ひとりのお客様は、生産者が思っているほどは魅力を感じていない。今の食生活は皆満たされちゃっているから、主食には魅力を感じないんですよ。おかずとかデザートに魅力を感じるんです。お客さんがそれを望んでいるんなら、おかずやデザートを供給すべきなんですよ。だから、私は全員がブドウを作ればいいって言ってるんですよ。ブドウはあくまでも象徴的な例として挙げているわけですから、マンゴーでもパパイヤでもいいんです。高い技術が要求されるけれども、付加価値は高くなる。とにかく、お客さんが求めているものを作らなきゃいけないですよ。お客さんが求めていないものを作るから、「過剰ですから、作るのやめなさいよ」と、言われるんじゃないですか。

■小松　安髙さん、どうでしょうか。

■安髙　さっきありました提案というものについてなんですが、提案という言葉は、多分、いままで農家にとって馴染みのない言葉なんです。そういう概念がないんですね。だから、提案力、プレゼン力をつける努力が必要なんですね。で、私、デパートにニンジンを納めていたんですけど、ある時『あたかのニンジンはなぜ甘い』っていうポップ広告を作って行ったら、担当者から「いいですね。今度は、倍持ってきてください」と、言われたんです。それだけでも、違うんだな。広告がいいか悪いかわからないけど、少なくともその場は、その担当者の心に響いた。それが多分、消費者にアピールするんだろうなっていう判断だったんですよ。丹誠込めて作った生産物の中に込められた意味を伝えていく、提案していく、その努力をするかしないかで、随分差がつくんだろうなと思いますね。

■長田　杉山さんのおっしゃることは、わかるんですよ。でもね、私達が考えないといけないのは、米を食べなくなったら、作るのをやめて、必要な分は輸入でまかなえばいいのか、ということです。単にその欲求についてのマーケットからの情報だけということになると、第一幕でトンネルの例えで申し上げましたが、向こうの側から掘ってきてこちらは答えるだけ、という話ですよね。でも、米を作ることでもたらされている、いろいろな効用や価値という観点も含んだうえで、トンネルを掘る必要がある。欲求に応えるだけがマーケティングだとは思っていない。

恥ずかしい話ですが、米が何でこれだけ食べ続けられてきたのか、ということを伝える努力をわれわれはしてこなかった。食べなくなったら、イコールいらない、ということではなくて、食べなくなったには理由があるわけですよ。それは、多分マーケットを無視して、ずっと作ってきたからですよ。マーケットを見ながら米を作っていけば、多分食べていただけるのかなっていう感じがしてますから、やっぱトンネルを両方から掘らないと駄目だと思います。

■杉山　わかります。十分わかります。でも、国民に対する主食の量的確保という意味での食料安全保障は、農家個々が自発的に背負うべき義務ではないんです。これは、政治が国民に対して担保すべき義務なんです。それが放棄されていることが根本的な問題であって、それをわれわれ農業者は背負えない。いや、背負ってはいけない。なぜなら、政府の、政治の、怠慢、不作為を許すことになるからです。でも、もし背負いたいんだったら、それを担保する政党を支持すべきなんです。それを通じてわれわれは主張すべきなんです。

■小松　重要な問題に対して、それぞれ明快な回答を頂きありがとうございました。それではフロアーの皆さんから、質問をお受けします。

食料自給率は国家のあり方

質問一　杉山さんが言われた、食料自給率一〇〇%の話をもう少し詳しくお聞かせ頂きたい。国民が食べる食料をいかに一〇〇%確保できるか、というようにも聞こえたんですが、自給率一五〇%の国もあるわけです。その国では、作っている農産物がその国で食べられているのではなくて、生産している量と食べる量のバランスで言ってるわけですから、日本の一〇〇％というのは、日本の農産物を食べる量は六〇％でもいい、でも四〇％は輸出に回せばいい。そうすれば、何かあったときに一〇〇％は確保できる。だから、それを目指してもっと攻めの農業を目指そう、ということも考える必要があると思うのですが、いかがですか。

■杉山　まったく、同じ意味です。基本的にエネルギーベースで一〇〇％自給を目指さなければ、国民の安全は担保されない、と確信しています。アメリカは、過去何回も食料の輸出停止を戦略的な武器として使ってきています。今後も使われる恐れがあります。使われなくても、常にそれが恐れになって、わが国では自立的な政策が不可能となっているようです。少なくとも一〇〇％を目指すべきです。それ以外の目標はありえない。

■小松　確認しておきたいのですが、あくまでも政策目標としてであって、その具体論はなかなか難しい、ということですか。

■杉山　いや、私はそんなに難しいとは思ってないんですよね。日本の農業者が販売している総額っていうのは八兆円程度です。毎年積み上げている赤字国債三〇兆円に比べたらば、微々たるもの。一般会計年間予算の一〇%ぐらいしかないんです。それで、国民が守れるんだったら、極論すればそれを全部買い上げればいいんです。余れば、ODAでばら撒けばいいんです。それぐらいの覚悟で、生産させればいいんですよ。

質問二

杉山さんが、一〇〇%を目指すとおっしゃいましたが、これは国民もしくは政治の努力目標だと思うんです。どの品目を一〇〇%にするのでしょうか。それともう一つ、一〇〇%が望ましいんですけど、貿易立国のこの国で、必ず外国でも農業を主としている国があって、それが大変な勢いで農産物を買ってくれというふうに言っているわけです。それに対して、関税をかなりかけているのですが、どのようにお考えでしょうか。

■杉山

正直、そこまで具体的には回答できません。しかし、最初申しましたように、選択の自由に任せる。要するに、見えざる手に任せる。何を作るのかは、農業者に任せる。皆が選択を自由にすることができるようになれば、その範囲で作ったものを、すべて買い上げればいいと思うんですよ。無理でも何でも、その時の相場で買い上げればいいんですよ。その時の相場で成り立たなくなれば、生産者は作るのをやめればいいんですよ。旧ソビエトのコルホーズなどといった管理体制はもう崩壊しているわけですから、それを今さら日本がやることはない。自然に任せましょう。ただし、自然の状態でもなお作る人がいれば、それを買う人がいなくても全部買い上げればいい。それをODAで全部ばら撒けばいい。世界全体で見れば飢えている人々がいるわけですから。

■小松　長田さん、いかがですか？

■長田　食料自給率を上げなくてはならない。これは実に当たり前のことです。これは誰も否定しないと思うんです。問題は、何でどうするかというところなんです。第一幕で紹介した米ぬかの食料化は、私が食料自給率を上げたいと思って具体的にやっていることです。だいたい一〇〇〇万トンの米の生産に対して、ぬかが一〇〇万トン出る。これは、ほとんど食べられていませんから、これを食べれば食料自給率は、だまって七ポイント上がるんです。こういうことを少しずつ実現させていくことしか、この国には方法がない。飛行機から見ていますと、日本という国は山ばっかりなんですね。その間に農地が点在している。この国で食料自給率一〇〇%を実現させるためには、相当な知恵がいるでしょう。極端な話、私が試みているように、現在食用化されていないモノの食用化を検討するのも一つの方法です、米にはその可能性があります。もう一つは、杉山さんがおっしゃったように、見えざる手というかマーケットに任す。マーケットが答えをきちっと出しますよね。何故か。そこが食べるわけですから。われわれが、米で一〇〇%に持っていくか、麦で一〇〇%に持っていくかという話じゃなくて、マーケットがそれを決めるんです。もちろん、ブドウがいいというマーケットなら、それも良しです。いずれにしても、われわれができることを一つずつやっていくしかない。この国には本当に農地が少ないので、これを潰さないようにしていくことが、とても大事だと、飛行機に乗る度に思います。

■小松　安髙さんは、いかがですか。

■安髙　自給率の問題は、普通の農家にはわかりませんね（笑）。

質問三

マーケットにすべてを委ねることは、非常にリスクを負うわけです。だから、セーフティーネットの必要性が生じると思うのですが、それを政府に働きかけていく場合、どういうふうに働きかけていけばいいのでしょうか。

■小松 これにつきましては、第一幕の議論においていくつかの大切な指摘がなされています。私も、パネリストの方々と同じような視点で、最初からセーフティーネットがちゃんと準備されている中での「進化」なんて、たかが知れているだろうと思います。農業で失敗したら、他の仕事、他の産業に新しい世界が求められたらいいわけです。日本の産業構造全体がそれなりに活況を呈して、農業で夢破れた人も、他の産業で生きていける、その程度で良いのではないかと考えています。そのためには、労働力の流動性をもう少し高める形での職業訓練であるとか、雇用の拡大であるとか、そういったかたちのセーフティーネットであるべきで、農業の世界だけで下支えすることの必要性は感じていません。

■杉山 そうなんですよ。流動性さえ確保すれば、私の論理では二〇〇万を四〇万にするのではなくて、二〇〇万を五〇〇万にするわけですから、取り合いになる。だからセーフティネットを用意しなくても流動性で解決するわけです。

この国の民から、農業は支持され得るのか

質問四

この国の農業が残れるかどうかは、最後は国民に支持されるかどうかだと思うんですね。しかし、わが国の人々は、農業に冷たい。こんなに冷たい国って、他にあるんですかね。その冷たい国民に支持されながら、農業が化けていくということは、実に難しいことではないか、と思っています。どうすれば、農業に冷淡な国民の考え方を変えられるんでしょうか。いや、お前は悲観的だよ、というお叱りでももちろん結構です。

■小松　先程、長田さんが農業者教育について触れられましたよね。あの場合、農業に「者」が付くか付かないか、微妙なところですよね。国民の支持という部分と教育の絡みで、お話ください。

■長田　さっき農業「者」と言ったのは、敢えて言ったんです。いつの間にか農業者という言葉は、生産者という言葉に置き換わって、生産だけする人になっちゃったんです。そうじゃなくて、農業者たるものは、生産することに留まることなく、

農業の意味だとか農産物の意味だとか、国内自給の意味だとか、積極的に発言すべきなんです。人間関係と同じで、顔も知らない人に対して、他人はまずは冷たい態度を取るに決まっているわけです。まして、その人が何を考えているかわからないってなったら、なおさら冷たくなりますよ。それは、コミュニケーションの欠落によってもたらされている、それに尽きると思っています。だから、コミュニケーションを欠落させないように、発言、提案していく。そしてさらに、杉山さんが言われたように、国民からあなたの商品は私を幸せにしてくれる、と評価してもらうことの積み重ねしかないんですよ。国民に、「あなたの作った商品で、私はすごく幸せです」なんて言わせることができれば、絶対離れないですし、そういう世論が大きくなっていけば、「国内に農業ってやっぱり必要ですよ」、となります。コミュニケーションは、農業だけじゃなくて全部の産業に共通していることです。どんな会社も、コミュニケーションというキーワードで戦略を立てています。伝えないと、自分の気持ちはわかってもらえない。そこに実は関係性が生まれてきて、それがビジネスに発展していく。それを今までやって来なかっただけですね。

■小松　安髙さんどうですか？

■安髙　今、長田さんがおっしゃった情報発信っていうのが、私もとても大事だなと思うんですけど、それを農業側があまりしてこなかった。今それが大切だと言われていますが、ただ、情報発信の仕方がなんか変だと思っています。例えばトレサビリティ（生産履歴）。あんなことで、本当に農業理解につながるんですかね。どうも、本質とずれたところでの情報発信のような気がします。トレサビリティなんていうのは、所詮最後は人間が書くものです。その人間が信用できない限り、あんなものをいくら書いても、信頼は培われないでしょう。「食」は、「情」につながる部分が少なからずあって、「あんたが作ったのなら喜んで食べるよ」、どうも、最後はそこだろうと思うんですよ。そこが、食べ物というものが持っている、核心的な部分なんじゃないかな。そこに農業側が、自分のいいところも悪いところも、真正面から出しながら、取り組んで行かなくっちゃ。優れた部分だけではなく、失敗もするしドジも踏む、そういうことも含めて、全部自分なんですよ。こういう自分が作ったもんなんですけど、それでいいなら食べてちょうだい、と言える世界。最後は人間と人間の信頼関係みたいなもの、そこをどう構築していくか、それをこう脇に置いといて、「情報開示」といった上っ面だけの話が、垢抜けた形でまかり通っているような気がしてならないんですよ。

■小松

それそれ、そうなんですよ。教員ですから、安全とか安心とかトレサビリティみたいなことを言わないといけないかもしれませんが、私も安髙さんと同じ考えなんです。ある稲作農家が、米屋さんと無農薬で作るってことを前提に契約栽培をされていた。ところが、病気が発生して、どうしても農薬を撒かざるを得ない。その時、「本当に申し訳ないんだけれど、今ここで薬を撒かないと、全滅です」って電話をかけておられるところがニュースで流されたんです。それを見て、「あなたなら撒いていいです。あなたが撒くのは余程のことなんでしょうし、かつ最小限の量を撒かれるのでしょう」と、思ったんです。ただし多くの国民が、私と同じ思いをするのかどうか、そこのところは蓋を開けて見ないとわからないですね。杉山さん、いかがでしょうか。

■杉山

皆さんのお気持ちには賛意を示したい。しかし残念ながら、政府が国際分業論に立っている限り、農業者の側からの発信で、世論を変更することは無理だとおもいます。だから、それを私たち農業者に期待してもらっては困るんです。何年か前に圧倒的に米が無くなった時、とりあえず緊急避難的にタイ米や中国産米を輸入して、ばら撒きましたよね。その時に、タイ米や中国産米ですら、皆で取り合いをしたわけですよ。でも、一件落着して、その米をどうしますかって聞いたら、消費者は皆捨てるって言ったんですよ。本当は、あの時が食育の絶好のチャンスだったんです。でも、政府は捨ててもいいよ、というスタンスで輸入したんですよ。こんな政府や消費者の姿勢を前提に、食農とか食育といった役割をわれわれに期待されても無理なんです。政府がそういう政策を取っているのに、それとは異なった視点から消費者に発信するのは、きわめて困難です。

■小松

今のご意見を、われわれは慎重に受け止めねばならないと思います。実は、そう言われながらも杉山さんは、ちゃんとやっておられるんですよ。あくまでも個人的に、自己責任で。でもこの場で、生産者の責任ですよ、と言うことは、かなり問題である。自分は背負える範囲でやっているけれども、農業者がやるべきものだ、と断言することはできない。つまり、ここで、「われわれが背負わなきゃ」って力んでも、それは次元の違う話ですよ。一つ間違えれば、「罪深い美談」となるかもしれないんです。ところが、そういうことを農業者に力ませる大学の教員がいたり、団体があったり、役所があったり、お節介なジャーナリストがいたりするわけです。それは大きな間違いじゃないか。ただし、違うよと言いながらも、あくまでも自分の責任の中で、自分自身を裏切らない世界の中で、そういう情報を発信していく。それは、尊いことだと思います。杉山さんの、逆サイドからの切込みを、誤解して頂きたくないので、お節介なコメントをさせて頂きました。

ＪＡの進化は組合員の役割

■小松　それでは、再び質問表への回答に戻ります。「ＪＡに対しての意見を聞くと、ＪＡ不要論のように聞こえます。逆に今こそＪＡに結集すべきと思います。国が言う四〇万の個別経営体で、農業が発展するとは到底思えません。自立経営体と言いながら、農村社会の分断政策だと私は思います。これからこそがＪＡの出番だと考えていますがいかがでしょうか？」というご意見です。さていかがでしょうか。

■杉山　私が最初に言いましょう。皆で袋叩きにしていただければ幸いです（笑）。私は、ＪＡは、いいところもいろいろあるけれども、悪いところもあります。足し引きしたら、無いほうがいい。というのは、自由な競争を阻んでいるからです。誰にでも自由に売れる。例えば、自分の農産物を買ってくれる人が五人いたら、その中の一番高く買ってくれる人を選んで売れるとか、資材はどこからでも買える。要するに、選択の自由があれば、世の中は動くけれども、選択の自由がないところでは、世の中は決して動かない。だから、選択の幅を著しく狭めている組織としてのＪＡは要らない。いろんな例えがあります。つい最近、直面したことです。ハウスを建てようと思ったときに、私が値切って建てれば二〇〇万円で建つ。ところが、補助が三分の二付くので、見積りは三〇〇万円になるんです。三〇〇万円で建てました、農業者の実質的支払いは一〇〇万円。農業者は、三〇〇万のハウスを二〇〇万に値切る必要がないって皆思っています。反対に、自腹は一〇〇万円だから、二〇〇万よりは安く買えて良かった、と言ってすべてを済ませている。その構図が、財政赤字を生み出し、農業資材を提供している人を甘やかせ、競争努力を失わせている。農業者も、苦労なく安く買えたために、とことん使いこなさないですぐ捨てている。その構図の中心にデンと構えているのが、実はＪＡなんです。具体的には、独占的に国の補助金などを扱う窓口になっているということです。じゃあ、ＪＡが無くなったらどうなんだろう、と常々考えているんですが、世の中の経済システムはかなり違ってくると思います。恐らく、日本の農業は圧倒的に活性化し、皆が米以外のものを自由に作れるようになるはずです。ＪＡ、そしてその存在を前提としているシステムは、進化の阻害要因だと思います。もちろん、無くなったら無くなったで、必要に応じて代わりのものを作らないといけないかもしれませんが、私はそういうふうに思っています。

■小松　安髙さんいかがでしょうか。

■安髙　確かに、そういう側面はあります。うちの集落でも共同でコンバインを入れる時に、補助事業を使ったんです。見積りは取れるんですよ、安いところでね。定価で買う必要なんか全然ないんです。だけど、多分どこもそういうことはやっていない。案の定その時もＪＡから、「見積り取るんですか」と、言われましたよ。それは、当然していいことなんです。農家側が、はっきりと意思表示をすべきなんですね。それをしないからＪＡはそれでよしとしてきた。そういう構図だろうと思います。だから、そういう努力を農家が働きかければ、ＪＡも変わらざるを得なくなるんです。そういうところは、いっぱいあるんじゃないかな。農家側がまったく提案や指示もしてないくせに、ＪＡが何の対応もせん、という声ばかり聞こえてくるんですよ。もちろん、杉山さんが厳しく言われたように、ＪＡが今後存続する価値や意義を持っているかどうかは、また別問題です。ただ、今でも使えるところは、いっぱいある。そういう努力を、農家側がしていないんじゃないかな、というふうに私は思います。

■小松　で、実際に、ご自分のＪＡは、変わりつつあるんですか。

■安髙　私は、使えるところしか使いませんから（笑）、今のところ、私にとっては非常に便利な組織ですよ。高いと思ったら、他の業者から取ります。つい先日も職員が来て、「出荷容器は間に合ってますか」と聞くんで、「来るの遅いわ」で終わりです。そういう厳しい対応をする中で、ＪＡも変わるんだろうと思っています。

■小松　長田さん、いかがですか。

■長田　安髙さんの言うとおりで、そういう対応をしてこなかった農家に責任あり、と思います。「ＪＡに米を出すと安い」と、文句垂れる農家が多いんですよね。当たり前なんですよ。普通のビジネスだと、見積りだして、契約書交わして、出荷して、納品書出して、請求書出して、入金確認して、といった一連の作業がいるわけですよ。それもなしに、取りに来て、いつの間にか貯金口座にお金が入っている。全部任せているわけだから、そのコストを差し引くと収入は下がる。まったく当たり前の話なんです。農家側がそれをやって来なかったという責任は大きいです。農家側が追及しないから、ＪＡ側もそれに染まっちゃった。そういう構造がずっと続いてきたんです。それで、ＪＡは要るのか要らないのか、ということなんですが、私はどっちでもいいと思います。必要ならば残るだろうし、必要でなければ消えると思います。システムだから、必要のないものは、いつの間にか消えてしまうと思います。これを法的に、無理やり残すっていうから無理がある。どんな事業体も、ニーズに対応できなければ消えていくしかないんです。必要だとか、必要でないとかいう議論よりも、放っておけばいいんです。

■小松　私自身、生まれて初めて給料を頂いたのがＪＡ関係の組織ですから、弁護するわけではないんですが、当時から、いや学生時代から、ＪＡについては、ずっと同じことを言われてきてるんです。失礼ですが、今日杉山さんが言われたことも、そんなに目新しいことではありません。ずっと言われてきた。ずっと言われてきたけど、ちゃんとこうして残っている。皮肉っぽく言うと、この凄さって何なんだろうか。潰れない凄さ。もちろん背後で農水省が別働隊と位置づけ、サポートしていることもあるのでしょうが、それでも残り続けるというところを、どう考えたらいいのでしょうか。やっぱり、捨てがたい良いところがあるんでしょ、という感じになっちゃう。三〇〇万戸前後の農家にとって、総合的には、存在する意義があるんでしょ、という言い方もできるわけですよね。

■長田

よろしいですか。米の話になってしまいますが、米を全部ＪＡに出すと便利ですよ。全部買い取ってもらえるし、現金化できるわけですから。こんな便利なシステムはありません。ただ、それに対して、ＪＡに出したら安いだのと、文句言うほうがおかしい。そういう、作るだけの人たちにとっては、非常に便利な存在です。そこには、十分な存在意義があるわけですよ。でも、要らないとなると、その人たちは何かをしなきゃならなくなる。請求書出さなくてはならないし、業者と契約を結ばなければならなくなる。それができるようになれば、存在意義がなくなり、当然必要がなくなる。そこだと思います。

■杉山　誤解が無いように、一言付け加えさせていただきます。ＪＡが無くなった方がいいと言っているのは、ＪＡに重大な責任があるから、というような理由からではないんですよ。ＪＡを支えている法制度に問題がある。ＪＡを独占禁止法や公正取引法の枠外に置いていることです。そして、何故残り得ているのかということですが、どうも納税組合と似たようなもんだと思うんですね。納税組合を廃止したあとで、役場の人は皆言うんですよ、「あれがあったときは、収納率が良かった」と。要するに、納税組合を通じて、役場の要求を組合員達に押し付けることができたんですよ。だから、ＪＡも納税組合と同じで、政治がそのシステムを使って農村や農家をコントロールする装置だと思っています。

■長田　この国の農業協同組合の誕生の過程が間違っていたんですよ。生産者一人ひとりが弱いから、それを協同組合化して、商人に商品を売ろうというのが、本来的な協同組合なんですけど、この国の協同組合の誕生においてはそうではなかった。今、杉山さんがおっしゃったように、国が農村や農家をコントロールするための装置として作ったんです。農業者側が必要だと思って作ったんじゃなくって、国が必要だと思ってその枠組みを当てはめたんですね。協同組合のできる過程が間違っていた。そしてそれが、政策的システムの一つという顔を背後に持ちながら残っていると思っています。

■小松　恐らくここ一、二年、ＪＡグループにとっては、かなり激震の時だと思っています。まさにタイムリーなご意見を頂き、ありがとうございました。ＪＡが農業者の進化を促進する機能を発揮できるのか、進化を阻害する機能しか持ち得ていないのか、にわかに判断はつきかねるところです。はなはだ煮え切らないコメントですが、とりあえずは上手に付き合っていただきたい、そして組合員は、主権者としての責任と権利を持っていることを今一度自覚して頂きたい、ということだけを、この場では申し上げておきます。

農業の進化は誰の手に

■小松　最後から二つ目のテーマで、経営継承についてです。長田さんも、安髙さんも、農家にお生まれになって、経営継承ということをさほど意識することなく継がれたのではないかと思います。もちろん嫌だったとか、抵抗したとかは別にして。安髙さんのお宅では、後継者を迎え入れるということで、何年か後にはそういった問題も考えなければならないでしょう。長田さんは、会社をどうするのかということがあろうと思います。それを考える上では、「世襲制」の是非について考える必要があります。目線を変えれば、農家に生まれたものでなければ農業者になり難いという状況が、農業という産業にとって幸せなことなのかどうか、ということも含めて、経営継承についてのお考えをお願いします。

■安髙　私はわが家の農業を、子々孫々まで伝えないといけない、とはあまり思っていないんです。自分の代で終わってもいいやと…

■小松　でも、お嬢さんのパートナーが就農することを知ったときは、嬉しかったでしょ。

■安髙　ええ（笑）。それはそうなんです、正直言って。だんだん歳をとってくると、体力が落ちてきますので、きついなあと思っていたところなんです。そういう意味では、まだわかりませんけど、非常に助かるんだろうと思っています。ただですね、彼には、別に今のままやらなくてもいいよ、農業にもいろいろな形態があるから、しばらく見ていて、やれる範囲内でやればいいよ、これが正しいっていう農業はないから、と言っています。すでに今月の一六日から一緒にやっているんですけど、私のほうが勉強になるなと感じているんですね。というのは、改めて自分の仕事を見つめ直せるということです。彼は今まで何一つ農業経験がないので、すべての行動について説明が必要なんです。すると、説明しながら、改めて自分の仕事を見つめ直すわけです。そして先ほど話題になっていた、人にプレゼンテーションをするといった意味においても、とても勉強させて頂いています（笑）。

■小松　杉山さんも少し前までは、世襲制反対だったけれども、ちょっとニュアンスが変わってきたんですよね。

■杉山　決して豹変したわけではないんです。基本的に、世襲してくれる人がいて、その人が才能的にも農業に向いていれば、それに越したことはないですね。私も馬鹿親の一人ですから、それは希望しています。ただし、能力が無ければそれにこだわるべきではない。その時は、世襲にこだわらないで、後継ぎを広く募ることができるような制度が可能ならば、そうしたい。今は情報発信が簡単な時代になりましたから、是非そういうことも選択肢の中に入れたいと思っています。

それに関連した制度との絡みで、最近、私の周りで事件がありました。私は総代をしていますから、役場から自動的に選挙人名簿の登録用紙が配られてきます。そして、集めて来いって言われて出した時に、初めて気が付いたんですが、私が毎年申告している耕作面積と違う面積が、農業委員会に登録されていたんです。そこで、「何で僕が申告したのと違う数字を登録しといて本人に断らないんだ」と、農業委員会に怒鳴り込んだんですよ。そしたら、農業委員会が、「いえ、今の法律では農業委員会を通さない農地の貸し借りは全部無効ですから、貴方の申告は無視しています」と、言うんです。「じゃ、申告させなきゃいいじゃないか。あんなに一生懸命努力して配ったり、皆に書き方を説明して、集めて持って行ったのに、だまって、ばさっと切ってあなたの栽培面積はこうですっておかしいでしょ。その根拠を持って来い！」と言ったら、何かとても時代がかった法律なんですよ。今や有名無実化している法律でもって動いているわけですよ。そういうものの上に、今の農地の管理システムが成り立ってるわけだから、それも変えなきゃいけない。世襲制以前に、法体系や制度の世襲制も考え直すべきです。世の中変わっているんですから。でも、誰も変えようって言わない、不思議ですね。私みたいに、役場に殴りこんでその根拠持って来いっていう人はいないんですよ。宮崎県中探しても。

■小松　ご安心ください、日本中でもあまりいないと思います（笑）。

■杉山　だから農業者が、「この農地法はおかしい。現実に合っていない」って言わなきゃいけないんですよ。きっと進化の足かせになるだろうなと思います。

■小松　では、長田さんいかがですか。

■長田　継ぐとか継がないとかの話ですが、私の息子は、中学校一年なんです。親としてその子にしてやれることは、選択肢を一つ作ってあげることかなと思っています。ですから、やれとも言わないし、やるなとも言いません。何をやるかは彼の自由ですから。ただ、選択肢としてこういう方法もあるんだ、という提案は、親としてするべきだなと思っています。私が、父親に非常に感謝していることがあります。それは、私が父親から財布を貰うというタイミングです。二五歳の時でした。父親も若かったんですけど、「俺はもう引退や」と、宣言しました。さらに立派だったのは、すばらしい助言をしてくれたんです。「俺がした八〇〇万円の借金も、三年以内に返済しろ」（笑）。まさに、「なんでやねん！」の世界ですが、そのような条件付きでの経営継承でした。継がすなら早くやる必要がありますね。これは農業界だけでなくて、どの業界でも同じだと思います。一部上場企業の創業者でも、親としての本音は、子どもに継いでもらいたいんじゃないでしょうか。ただそれを強制するのではなくて、選択肢としてこういう生き方もあるよ、というのを私自身は見せていくしかないなと思っています。

■小松

農学部に来る学生の大多数は、農家出身者ではありません。しかし農家出身者ではない学生でも、農業に就くことを希望する学生は、わずかですがいるんです。でもその夢を実現するには極めてハードルが高い。先ほどの農地法の壁もありますが、農家の人の壁も高くて厚いわけです。「後継者がいないいない」と言いながら、身内にしか継がせようとしない。農業という産業は、そんなに敷居の高い産業なんですかね。後継者がいません、なり手はいません、という舌の根も乾かぬうちに、なりたいよそ者には「よそ者が来るとムラが荒れる」と、冷たい一言。これで誰が来ますか。産業としての農業の進化を考えるとき、もう、そういう理屈は通用しないと思っています。

挑戦者たちの使命

■小松　最後に、「あなたの使命は何ですか」という問いかけが、私を含む全員に来ています。杉山さん、長田さん、安髙さん、そして小松の順で行きましょう。

■杉山　私は、ただ自分が楽しく農業をしていればいいと思っているんです。それを見て、「ああ、私もやりたい」と思ってくれる人が来れば、それで十分だと思ってます。だから、基本は、自分が楽しくお百姓さんをすることだけ、と思っています。

■長田　具体的な話をしましょう。確かに、経営という部分だと利益を出さないといけないんですけれども、最近その使命という部分に関して、いろんなことを考えるようになりました。周りの同じ仲間を見ていても、同じところで壁が来るんです。具体的にいうと、年収一〇〇〇万。一〇〇〇万までは、自分が楽しむとか、自分が少し贅沢をするとか、生きていくために仕事をするんですよ。でも、一〇〇〇万円の壁を越えると、まずは食うに困らない、お金のことをそんなに気にしなくても、ちょっとだけ贅沢はできる。そこで、分かれ道が出てくる。一つは、行け行けドンドンでもっと所得を増やして、もっと贅沢をするという選択肢。もう一つは、どうもそれでは納得できなくて、仕事の概念を変える衝動が出てくる。例えば、自分が存在している意味だとか、自分がやらなきゃいけない使命だとか、食べるために仕事をするのではなく、何か世の中のために、自分が存在している意味を示したいな、という表現しがたい欲求に駆られてくるんです。仲間の話を聞くと、だいたい年収一〇〇〇万円というラインに達したときに初めて、「使命」について考えるようです。もちろん私も、その壁を越えたときに、結構考えました。「これでいいんか。これからどうする」、不思議な体験でした。だから、他産業並み所得だとか、食べるために所得を確保する、というレベルの仕事から、やっぱり経営者としてのレベルはもっと高いところに行かないといけない。たくさん稼ぐということは、大事かもしれないけれど、そこで自分が存在している意義だとか、社会における役割であるとか、いわゆる「大義」を持つ、あるいは意識する。自分がやっている仕事はどういう意味があるのか、何故それをやる必要があるのか、というところにワクワクドキドキするようなプレッシャーを感じながら、考えるようになるんです。それが仕事だなと思うわけです。その仕事の領域に来ると、何かいろんな課題が出てきたりするんだけど、そこにやりがいを感じるし、生きがいを感じるし、幸せを感じています。だから、農業という産業に関わっている者達も、食べるために仕事をするのではなく、次の段階に行く必要があると思う。だからこそ、まずは一〇〇〇万円に到達し（笑）、内側から湧き上がってくる問題意識を大切に、次のありようを考えていくべきだと思います

■小松　まず、年収一〇〇〇万円を稼げ。その時、「使命」は語り得る、わけですね。

■長田　はい。次の段階に行くっていうのは変ですけど、何かこう、そこでガラッと仕事の概念が変わるんです。お金を稼ぐためだけの仕事では満足しなくなるんです。利益を上げるとか、儲けるとかいうところでは、もう自分の存在意義が確立できなくなるんです。その時に探さないといけないのは、何故自分が存在しているのか、自分の使命みたいなところを探していかないと、行け行けドンドンでは結局自分を見失い、失敗というか、自滅してしまうんじゃないのかな。私は、やっとそこに到達して、自問自答しているところです。

■安髙　今の長田さんの話、わかるなあ。でも、一〇〇〇万円未満でも、そんな状況はあるんじゃないですか。どんなに小さな農家でも、やはり自分の仕事がどういう

■小松

意味を持つのか、どういう社会的意義があるのか、もちろんそういう理屈で考えなくても、何かそういうものを持ってやらないと、やれん仕事かなと思いますね。多かれ少なかれ、「俺は人の腹を満たすものを作ってるんだ」という、自負心だけは持ってやらないと。これが、もし社会の害悪にしかなっていないとしたら、とてもできん仕事だと思います。唯一それが農業の救いかな。そういうものがあるから、儲からんでも、きつくても、農業をやれているのかなと。もちろん、一〇〇〇万円の壁を越えれば、もっとハイレベルの苦悩があるんだとは思います。早く味わいたいです、その苦悩を（笑）。

最後に小松の使命は何か、ということになるんですが、私の場合は、皆さんのような、賢明かつ懸命に農業に取り組んでおられる方々のコーディネートをすることかな、と思っています。それは、今回のようなフォーラムでコーディネートをすることでもありますし、また、さまざまな現場における農業者の繋がりにおける接着剤になったり、情報源になることです。

フロアーの皆さん、長時間にわたりお付き合いくださいまして、本当にありがとうございました。そして、パネリストの長田さん、安髙さん、杉山さん、本当にありがとうございました。

この時間の中で、いろいろなキーワードやアイデアが出ています。後は、皆様お一人おひとりが農業との関わりの中でハッピーに生きていくために、一つでも二つでもご活用いただければ、今日のフォーラムのねらいは達成できたのではないか、ということを申し上げまして、閉じさせていただきます。本当に、ありがとうございました。（拍手）

エピローグ――主催者の想い――

二〇〇五（平成一七）年の夏、東京の暑いアスファルトの道を歩きながら、某農協組合長の何気ない一言。「杉山さんと長田さんを呼んでフォーラムをやったら面白いよねー。」すべてはこの無責任な一言から始まりました。

陽動作戦とわかりながら、面白そうな企画についつい乗ってしまった私は、次の日から翌年一月二八日のフォーラム当日まで頑張り続けることになったのです。

当初、密かに計画したことは「一時間程度のパネルディスカッションなら、やらないほうがましだ。最高のメンバーに集まってもらい、日本の農業、いやそれ以上に日本の未来を描けるような、五〜六時間の長時間討論会にしよう。形式はローマ時代のフォーラムだ。しかし、こんな乱暴な企画に本当に乗ってくれるかな？」

何とも粗雑な企画でしたが、先のお二人はもちろん、三人目のパネリストをお願いした安髙さんや、コーディネーターの小松教授にも、過密スケジュールの中を快く賛同して頂きました。

そして、この四人の熱い志は、厳寒の福岡を熱くし、会場を埋めた一五〇〇人近い参加者の心に響き、今回、本書として結実することになったのです。

どうしてもこのフォーラムを実現したかったのには理由があります。文中、杉山さんの発言に「食料自給率一〇〇%を放棄することは、国家の自覚に欠ける」とありますが、私も全く同意見です。農水省が出した「経営所得安定対策」もそうですが、農業に限らず、今の国の政策は国家としての指針を持っているのか本当に疑いたくなります。

一国の政策は、疑いなく『安全を含む国民の幸福を実現すること』にあります。しかし、この国を動かす力を持つ人達は、幸福の本質を見失っているのではないか。経済成長率と個人の財産の多さが幸福を実現するという錯覚をしているのではないかと。

長い年月、日本人は自然から多くのことを学んできました。食物を産み出す力に感謝し、自然の力に自らの無力さを知り、そして自らも自然の一員であることを学び、人間としての心のありようを育んできました。

塾通いの合間にテレビゲームをする子供達は、自然とふれあう大切な機会を失っています。私たちには、伝えるだけの価値のある国を子孫に残していく義務があると思います。

豊かな自然と農業を抱えた日本文化が日本の強さの基盤であり、世界に誇ることが出来る最大の財産であるという、巨視的で本質的な事実をよく理解すること。そして、これを支えるための国民的コンセンサスを作ることが今必要なのです。

そのためには、農業問題を農業界や農水省の中だけで議論するのではなく、広く国民全体に、世界中に訴えていく必要があるのではないか。その想いが、このようなフォーラムを実現する原動力になりました。

もちろん農業界には革新が必要です。そのためには長田さんの言われるように「外からの情報をどんどん運んで行くしかない」と思いますし、自由な競争の中で経営者が育つような環境づくりも必要です。ただし、ＪＡはおおらかなセーフティーネットになるべきだと考えています。農家に限らず事業経営は一様ではありません。逞しい露地野菜のような経営者もいれば、強い雨風には弱いけれどハウスの中だったら野菜になれる経営者もいるのです。そのような人がいるからこそ、ハウスから外に出て勝負してみたいという人も出てきます。

私には自由競争と、アダムスミスの言う「見えざる手」は信用できません。本当に自由な競争を行ったら、恐らく一握りの政治的、経済的に力を握った人達による「自由な世界」が生まれると思います。難しいけれども、現実の世界は健全な競争と理性ある健全な規制のバランスによって維持されると思います。それが、帝国主義から現代資本主義へと発展を遂げた人間の叡智ではないでしょうか。

ＪＡは杉山さんの言われるように、「自由な競争を阻害するような組織」であってはならないし、その法制度を含んだ機構改革が必要なのは間違いありません。それでも日本の農業を守り、食料自給率一〇〇％を目指すためには、生まれ変わったＪＡの（あるいはＪＡに類似する）存在は必要であると思います。

当然のことながら農業が産業として成立するためには、一定の優れた経営体が必要です。『経営者は突然変異からしか生まれてこない』『失敗させることが経営者を育てる』というのは卓見です。その意味で農業界の最大の失敗は定見のない乳母日傘政策を続けていることです。それが無くなれば、他の業界と農業とのレベルの違いは何もありません。むしろ、農業には「土性っぽ根」があるだけ逞しいと思います。

安髙さんの言葉に「五年後と言われてもそんな先のことはわからない、はっきり言えることは、明日は畑でニンジン引いている」と言う表現がありましたが、まさにその感覚です。

農業問題は課題が山積です。「ムラ社会は閉鎖的で問題も多い。でも言葉では表現しにくいけど、とてもいいところもいっぱいある。そういう中で、今ある農業を少しずつ変えていくことが必要なんだ」という、安髙さんの言葉がしっくりきます。そのように曖昧さはあるけれど、包容力のある、しかし大地にしっかりと足をおろしている姿が、日本の本来の姿であるような気がします。

生産性や収益性を高め、効率的な経営を実現することは、農業界がこれから全力を上げて取り組む課題です。この点は確かに他の業界に比べて遅れています。ただ、生産性や収益性を社会の仕組みを作る上での第一義に掲げることは誤りです。愚直ではあるけれど、まず第一に「人間として如何に生きるべきか」そして、「この国はどの様な国であるべきか」を、歴史に学びながら真剣に考え、その答えをあらゆる問題の判断基準にするべきです。生産性や効率性は運営のための「ツール」であり、私たちが実現すべき社会の「目的」とはなりえません。私たちの国を、総花的で百年やそこらで潰れてしまうような国にしてはならないと思うからです。

このフォーラムでは、杉山さん、長田さん、安高さんという優れたパネリストにたくさん汗をかいて頂きました。経営のスタイルもやっていることもまったく違うけれど、農業にかける想いの強さ、洞察力、人格の高さに改めて目を見張る思いでした。そして、このような農業界の宝とも言える方々から、本質にせまる意見を縦横に引き出して頂いたコーディネーターの小松先生には、深甚からの敬意を捧げます。先生のお力なくして、このフォーラムも本書も世に出ることは無かったと思います。

最後になりましたが、共催して頂いた福岡県農業会議の皆様、準備から運営までお骨折りいただいた多くのスタッフの皆様、お疲れさまでした。そして東京から鹿児島まで各地から駆けつけて、有料で参加いただいた参加者の皆様方は、私たちとパネリストにとても大きな火を点けて下さいました。皆様方に、誌面をお借りして心よりお礼を申し上げます。

これからがスタートです。太田蜀山人の歌の如く、山野草は小さなこぶしを高く掲げて、自然とともに悠々と自らの主張をして参りましょう。本書が、読んで頂いた方の心に小さな火を点けてくれることを期待して。

『早蕨の、にぎりこぶしをふりあげて
　山の横つら、春風ぞ吹く』　蜀山人

二〇〇六年七月

半田　正樹

■編者紹介

半田　正樹（はんだ　まさき）

1953年4月2日生

1977年　立命館大学産業社会学部卒業

1996年5月、税理士資格を取得し税理士事務所開設。同時に、ベイシック経営株式会社を設立し、コンサルティング業務を開始。

主要業務：農業経営に関する経営・税務・会計業務
　　　　　中小企業の経営コンサルティング業務

企業経営や税務会計の研修会やセミナーを開催、集落営農組織の法人化、法人化後の個別指導などを実施

福岡県農業経営改善支援センターの農業経営改善スペシャリスト

現　在　ベイシック経営株式会社　代表取締役
　　　　半田税理士事務所　所長

所在地　北九州市小倉南区徳力新町1-13-30
　　　　TEL093(961)9080　FAX093(961)9081
　　　　メールアドレス　basic-han@bacon.co.jp
　　　　ホームページ　http://bacon.co.jp

大地のビジネスと挑戦者たち

―農業界の「逸材」が集い、その「進化」を熱く語った！―

2006年8月21日　初版第1刷発行

■編　者――半田正樹
■発行者――佐藤　守
■発行所――株式会社大学教育出版
　　　　〒700－0953　岡山市西市855－4
　　　　電話(086)244－1268㈹　FAX(086)246－0294
■印刷製本――サンコー印刷㈱
■装　丁――原　美穂

ISBN4－88730－710－1